新微分積分Ⅰ

改訂版

Differential and Integral Ⅰ

大日本図書

まえがき

本シリーズの初版が刊行されてから，まもなく55年になる．この間には多数の著者が関わり，それぞれが教育実践で培った知恵や工夫を盛り込みながら執筆し，状況に即した改訂を重ねてきた．その結果，本シリーズは多くの高専・大学等で採用され，工学系や自然科学系の数学教育に微力ながらも貢献してきたものと思う．このことは，関係者にとって大きな励みであり，望外の喜びであった．しかし，前回の改訂から9年が経過して，教育においてインターネットが広く導入されようとしている時代の流れに応じて，将来を見すえた新たな教育方法に対応した見直しを要望する声が多く聞かれるようになったこと，中学校と高等学校の教育課程が改定実施されたことを主な理由として，このたび新たなシリーズを編纂することにした．また，今回の改訂は7回目にあたるが，これまでの編集の精神を尊重しつつも，本シリーズを使用されている多くの方々からのご助言をもとにして，新しい感覚の編集を心がけて臨むこととした．

本書は，微分法，微分の応用，積分法，積分の応用の4章から成り，微分法と積分法についての基礎的事項を一通り学ぶことを目的としている．微分法は各点ごとの関数の変化の割合に着目し，積分法は区間全体での関数の値を見るというように，両者の手法は異なり，別々に発展してきたが，17世紀後半にニュートンやライプニッツによって両者は密接に関連づけられて，微分積分学という1つの学問に統一されたのである．現代においても，工学や自然科学に現れる現象を解析するための重要な道具となっている．微分積分学を学び，その方法に習熟し，応用できる力を養うことは，工学や自然科学を目指す学生にとってはとりわけ欠かすことができない事柄である．さらには，本書で学ぶことを通じて，長い時間をかけて発展してきた微分積分学という学問の興味深い内容を理解する一助になってほしいとも願っている．

本書を執筆するにあたり，以下の点に留意した．

(1) 学生にわかりやすく，授業で使いやすいものとする．

(2) 従来の内容を大きく削ることなく，配列・程度・分量に充分な配慮をする．

(3) 理解を助ける図を多用し，例題を豊富にする．

(4) 本文中の問は本文の内容と直結させ，その理解を助けるためのものを優先する．

(5) さらに，問題集で，反復により内容の理解をより確かなものにするために，本文中の問と近い基本問題を多く取り入れる．

(6) 各章の最初のページにその章に関連する興味深い図や表などを付け加える．

(7) 各章に関連する興味深い内容をコラムとして付け加える．

今回の編集にあたっては各著者が各章を分担執筆し，全員が原稿を通覧して検討会議を重ねた後，次に分担する章を交換して再び修正執筆することを繰り返した．この結果，全員が本書全体に筆を入れたことになり，1冊本としての統一のとれたものになったと思う．しかし，まだ不十分な点もあるかと思う．この点は今後ともご指摘をいただき，可能な限り訂正していきたい．終わりに，この本の編集にあたり，有益なご意見や，周到なご校閲をいただいた全国の多くの先生方に深く謝意を表したい．

令和 3 年 10 月

著者一同

目次

1章 微分法

1 関数の極限と導関数

1 1 関数とその性質 …… 2
1 2 関数の極限 …… 7
1 3 微分係数 …… 11
1 4 導関数 …… 13
1 5 導関数の性質 …… 15
1 6 三角関数の導関数 …… 21
1 7 指数関数と対数関数の導関数 …… 23
1 8 ネピアの数 e の性質 …… 27
練習問題 1·A …… 29
練習問題 1·B …… 30

2 いろいろな関数の導関数

2 1 合成関数の導関数 …… 31
2 2 対数関数の性質を用いた微分法 …… 34
2 3 逆関数の導関数 …… 35
2 4 逆三角関数とその導関数 …… 36
2 5 関数の連続 …… 40
コラム 二分法とニュートン法 …… 44
練習問題 2·A …… 45
練習問題 2·B …… 46

2章 微分の応用

1 関数の変動

1 1 接線と法線 …… 48
1 2 関数の増減 …… 50
1 3 極大と極小 …… 52
1 4 関数の最大・最小 …… 54
1 5 不定形の極限 …… 57
練習問題 1·A …… 60
練習問題 1·B …… 61

2 いろいろな応用

2 1 高次導関数 …… 62
2 2 曲線の凹凸 …… 64
2 3 いろいろな関数のグラフ …… 66
2 4 媒介変数表示と微分法 …… 68
2 5 速度と加速度 …… 72
2 6 平均値の定理 …… 73
コラム リサジュー（リサージュ）曲線 …… 78
練習問題 2·A …… 79
練習問題 2·B …… 80

3章 積分法

1 不定積分と定積分

1 1 不定積分 …… 82
1 2 定積分の定義 …… 86
1 3 微分積分学の基本定理 …… 91
1 4 定積分の計算 …… 94
1 5 いろいろな不定積分の公式 …… 96
練習問題 1·A …… 99
練習問題 1·B …… 100

2 積分の計算

2 1 置換積分法 …… 101
2 2 部分積分法 …… 104
2 3 置換積分法・部分積分法の応用 …… 107
2 4 いろいろな関数の積分 …… 110
コラム 区分求積法と微分積分学の基本定理 …… 116
練習問題 2·A …… 117
練習問題 2·B …… 118

4章 積分の応用

1 面積・曲線の長さ・体積

1 1 図形の面積 …… 120
1 2 曲線の長さ …… 124
1 3 立体の体積 …… 126

練習問題 1·A 130
練習問題 1·B 131

2 いろいろな応用

2 1 媒介変数表示による図形 132
2 2 極座標による図形 136
2 3 広義積分 142
2 4 変化率と積分 145
コラム ニュートンによるケプラーの 3 法則の証明 147

練習問題 2·A 148
練習問題 2·B 149

解答 150
索引 165
付録 168

ギリシャ文字

大文字	小文字	読　み　方	大文字	小文字	読　み　方
A	α	アルファ	N	ν	ニュー
B	β	ベータ（ビータ）	Ξ	ξ	クシー（グザイ）
Γ	γ	ガンマ	O	o	オミクロン
Δ	δ	デルタ	Π	π	パイ
E	ε	イプシロン	P	ρ	ロー
Z	ζ	ジータ（ツェータ）	Σ	σ, ς	シグマ
H	η	イータ（エータ）	T	τ	タウ
Θ	θ, ϑ	シータ（テータ）	Υ	υ	ウプシロン
I	ι	イオタ	Φ	ϕ, φ	ファイ
K	κ	カッパ	X	χ	カイ
Λ	λ	ラムダ	Ψ	ψ	プサイ（プシー）
M	μ	ミュー	Ω	ω	オメガ

1章 微分法

関数 $y = f(x)$ と導関数 $y = f'(x)$

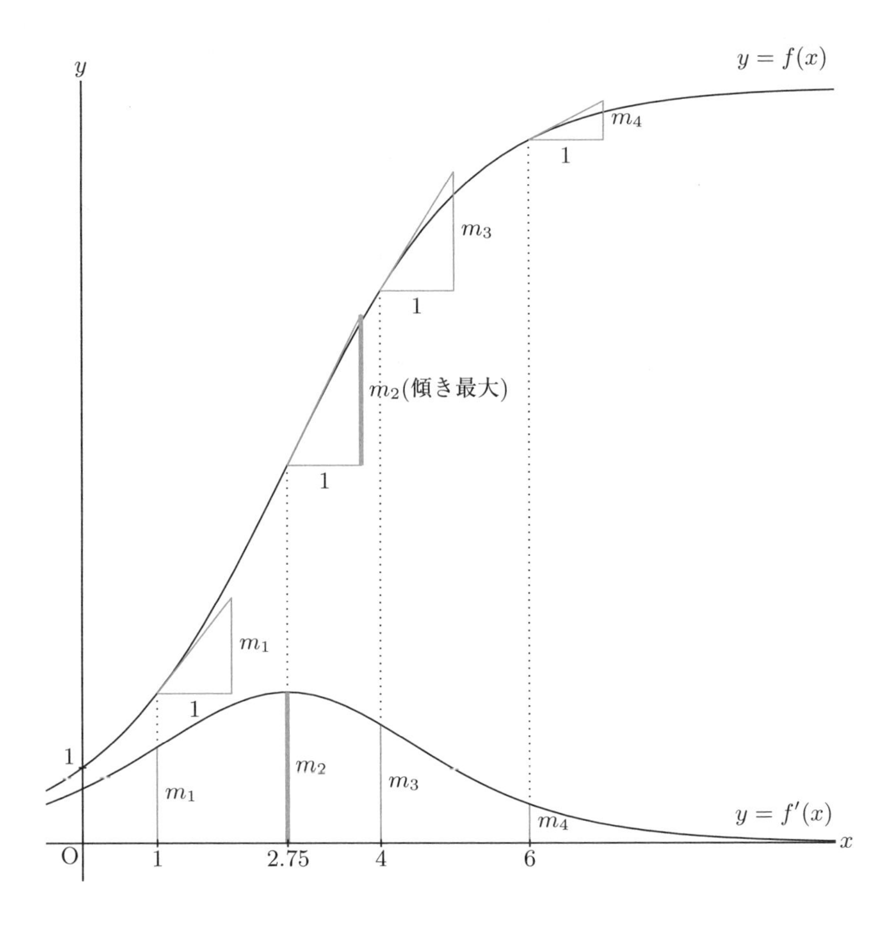

●この章を学ぶために

自動車のスピードメータでは「時速 40km」などと表示されるが，厳密に言うとその瞬間の時刻 t_0 での速度ではない．t_0 での位置 x_0 だけの情報では速度を求めることができないからである．実際は，t_0 に非常に近い時刻 t_1 での位置 x_1 または移動距離 $x_1 - x_0$ を求めて，変化の割合 $\dfrac{x_1 - x_0}{t_1 - t_0}$ を t_0 における速度としている．微分は，この考え方をさらに進めて理想化したものである．本章では，x^n や三角関数，指数関数，対数関数などの微分について学ぶ．特に指数関数ではネピアの数 e が重要である．

1 関数の極限と導関数

1 1 関数とその性質

はじめに，これまでに学んだ関数の性質をまとめておこう．

▶▶関数 $y = x^n$

n を正の整数とするとき，べき関数 $y = x^n$ のグラフは図のようになる．

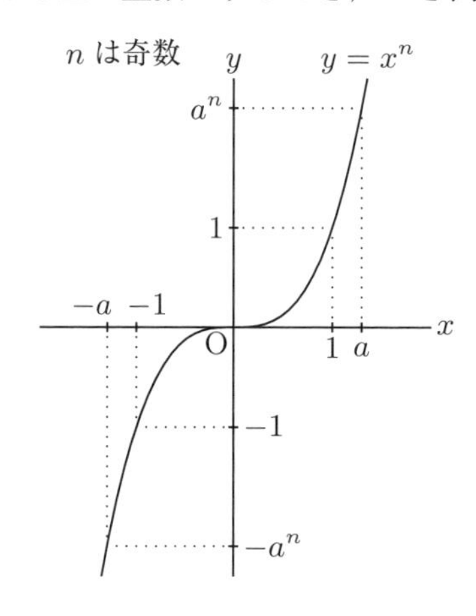

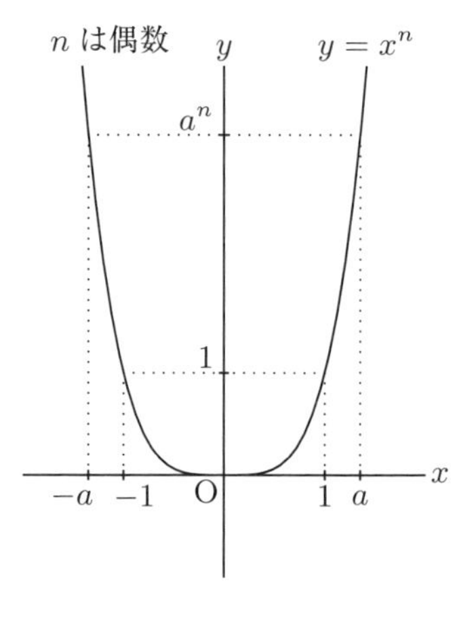

べき関数 $y = x^n$ は，$x > 0$ のとき**単調に増加**する．$x < 0$ のときは，n が奇数の場合は単調に増加するが，n が偶数の場合は**単調に減少**する．

また，n が奇数のとき**奇関数**，n が偶数のとき**偶関数**である．すなわち，$f(x) = x^n$ とおくと

$$n\text{ が奇数のとき}\quad f(-x) = -f(x)$$

$$n\text{ が偶数のとき}\quad f(-x) = f(x)$$

が成り立つ．奇関数のグラフは原点に関して対称で，偶関数のグラフは y 軸に関して対称である．

無理関数 $y = \sqrt{x}$ や分数関数 $y = \dfrac{1}{x}$ は，それぞれ $y = x^{\frac{1}{2}}$，$y = x^{-1}$ と表される．$y = x^{\frac{1}{2}}$ の定義域は $x \geqq 0$，$y = x^{-1}$ の定義域は $x \neq 0$ である．

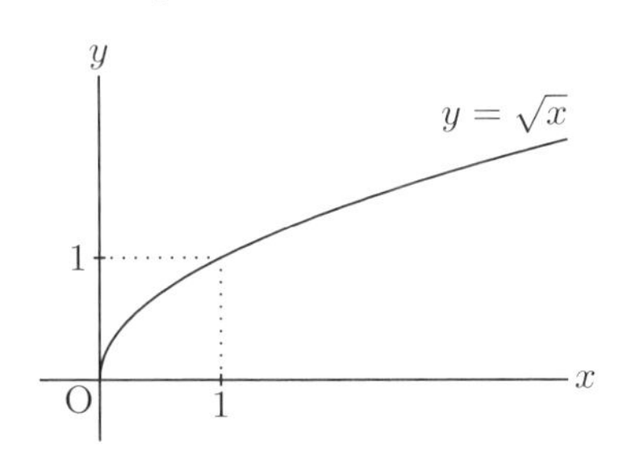

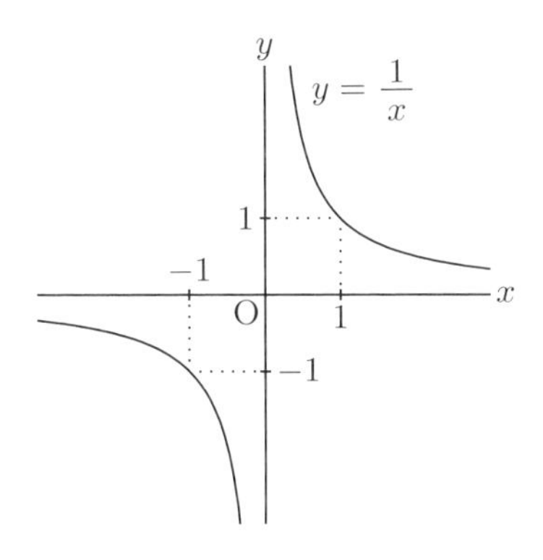

指数関数 $y = a^x$

a を 1 でない正の定数とするとき，指数関数 $y = a^x$ の定義域はすべての実数で，$a > 1$ のとき単調に増加し，$0 < a < 1$ のとき単調に減少する．また，グラフは図のようになる．点 $(0,\ 1)$，$(1,\ a)$ を通り，任意の実数 x について $a^x > 0$ である．

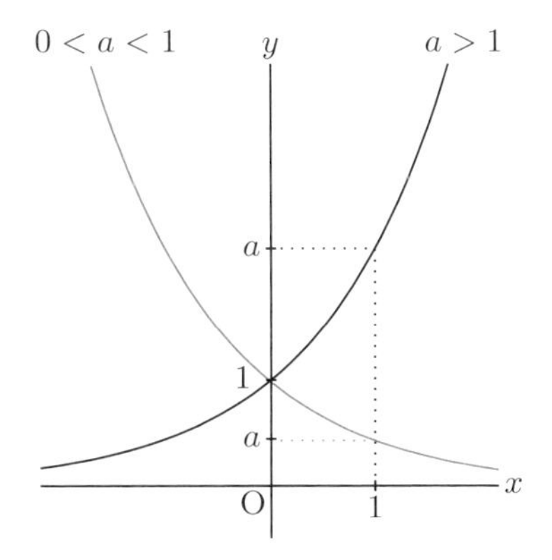

指数関数について，次の指数法則はよく用いられる．

(Ⅰ) $a^p a^q = a^{p+q}$

(Ⅱ) $(a^p)^q = a^{pq}$

(Ⅲ) $(ab)^p = a^p b^p$, $\left(\dfrac{a}{b}\right)^p = \dfrac{a^p}{b^p}$

▶▶対数関数 $y = \log_a x$

a を 1 でない正の定数とするとき，a を底とする対数関数 $y = \log_a x$ は指数関数 $y = a^x$ の**逆関数**であり，次が成り立つ．

$$y = \log_a x \iff a^y = x$$

対数関数 $y = \log_a x$ の定義域は $x > 0$ で

$$\log_a 1 = 0,\ \log_a a = 1$$

より，グラフは点 $(1,\ 0)$, $(a,\ 1)$ を通る．

また，$y = \log_a x$ と $y = a^x$ のグラフは直線 $y = x$ に関して対称である．

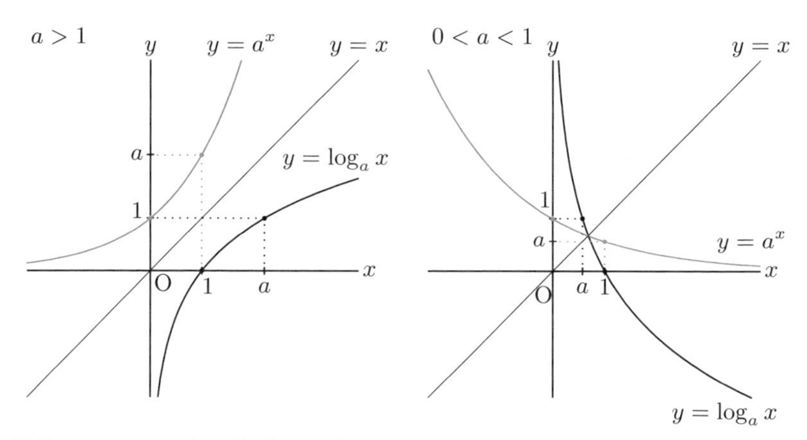

対数について，次の性質はよく用いられる．

(Ⅰ) $\log_a x_1 x_2 = \log_a x_1 + \log_a x_2$

(Ⅱ) $\log_a \dfrac{x_1}{x_2} = \log_a x_1 - \log_a x_2$

(Ⅲ) $\log_a x^p = p \log_a x$

(Ⅳ) $\log_a x = \dfrac{\log_c x}{\log_c a}$　　(c は 1 でない正の定数)

三角関数

三角関数 $y = \sin x$, $y = \cos x$ は周期 2π，$y = \tan x$ は周期 π の周期関数であり，グラフは図のようになる．

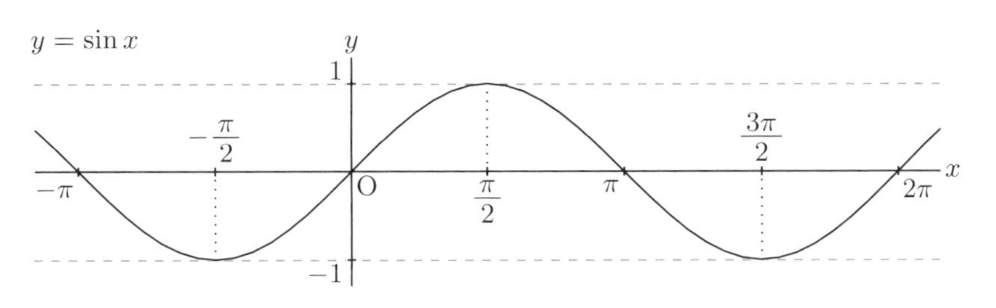

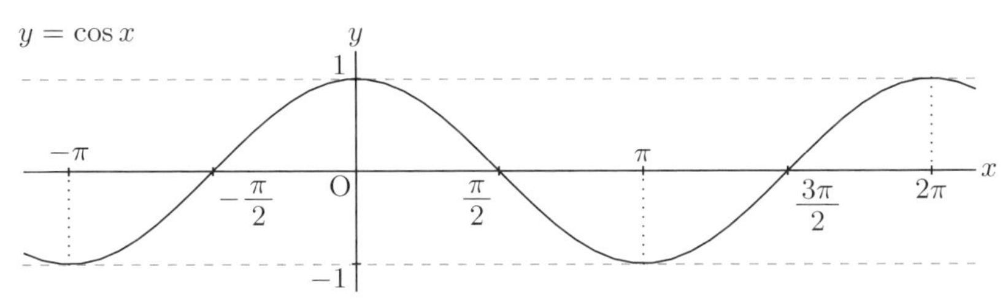

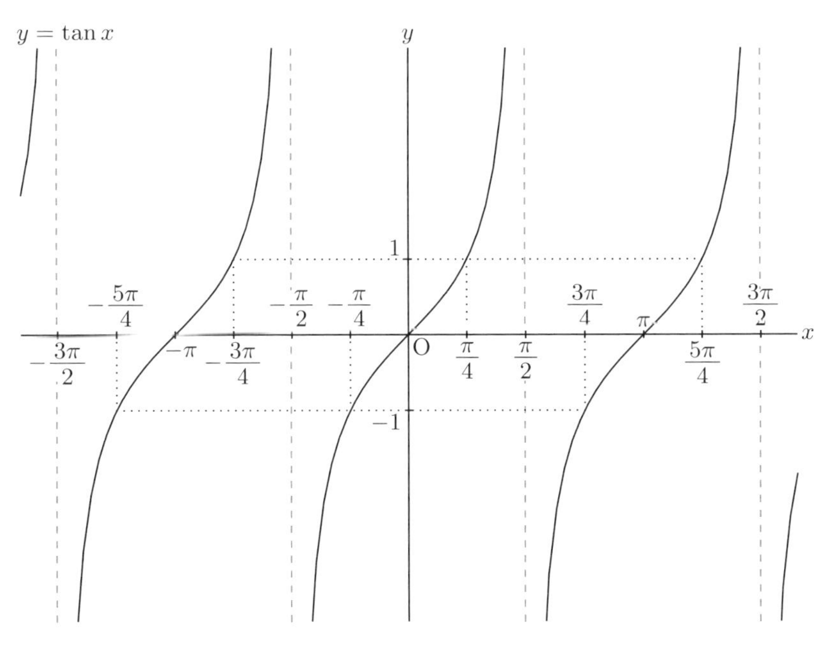

$y = \sin x$, $y = \tan x$ は奇関数，$y = \cos x$ は偶関数である．

$$\sin(-x) = -\sin x, \quad \cos(-x) = \cos x, \quad \tan(-x) = -\tan x$$

以下の公式はよく用いられる．

相互関係

$$\tan\alpha = \frac{\sin\alpha}{\cos\alpha}, \qquad \cos^2\alpha + \sin^2\alpha = 1, \qquad 1 + \tan^2\alpha = \frac{1}{\cos^2\alpha}$$

加法定理

$$\sin(\alpha \pm \beta) = \sin\alpha\cos\beta \pm \cos\alpha\sin\beta$$

$$\cos(\alpha \pm \beta) = \cos\alpha\cos\beta \mp \sin\alpha\sin\beta \qquad \text{（複号同順）}$$

$$\tan(\alpha \pm \beta) = \frac{\tan\alpha \pm \tan\beta}{1 \mp \tan\alpha\tan\beta}$$

2倍角の公式

$$\sin 2\alpha = 2\sin\alpha\cos\alpha$$

$$\cos 2\alpha = \cos^2\alpha - \sin^2\alpha = 2\cos^2\alpha - 1 = 1 - 2\sin^2\alpha$$

半角の公式

$$\sin^2\frac{\alpha}{2} = \frac{1-\cos\alpha}{2}, \qquad \cos^2\frac{\alpha}{2} = \frac{1+\cos\alpha}{2}$$

積を和・差に直す公式

$$\sin\alpha\cos\beta = \frac{1}{2}\{\sin(\alpha+\beta) + \sin(\alpha-\beta)\}$$

$$\cos\alpha\sin\beta = \frac{1}{2}\{\sin(\alpha+\beta) - \sin(\alpha-\beta)\}$$

$$\cos\alpha\cos\beta = \frac{1}{2}\{\cos(\alpha+\beta) + \cos(\alpha-\beta)\}$$

$$\sin\alpha\sin\beta = -\frac{1}{2}\{\cos(\alpha+\beta) - \cos(\alpha-\beta)\}$$

和・差を積に直す公式

$$\sin A + \sin B = 2\sin\frac{A+B}{2}\cos\frac{A-B}{2}$$

$$\sin A - \sin B = 2\cos\frac{A+B}{2}\sin\frac{A-B}{2}$$

$$\cos A + \cos B = 2\cos\frac{A+B}{2}\cos\frac{A-B}{2}$$

$$\cos A - \cos B = -2\sin\frac{A+B}{2}\sin\frac{A-B}{2}$$

1 2 関数の極限

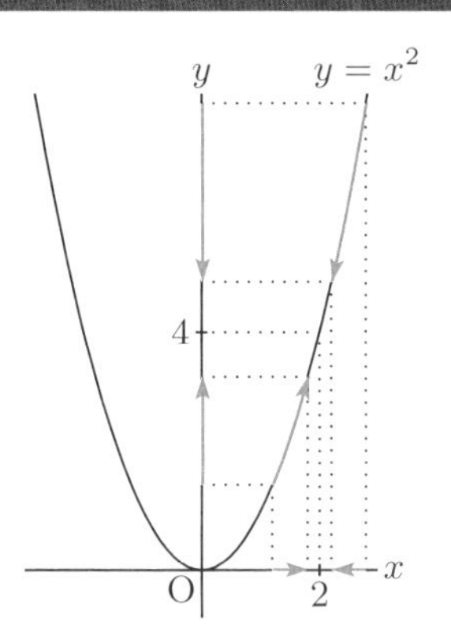

関数 $y=x^2$ において，x の値を

$2.1,\ 2.01,\ 2.001,\ 2.0001,\ \cdots$

のように，2 とは異なる値をとりながら，限りなく 2 に近づけていくとき，y の値は

$4.41,\ 4.0401,\ 4.004001,\ 4.00040001,\ \cdots$

となり，限りなく 4 に近づいていく．

一般に，関数 $f(x)$ において，x が定数 a とは異なる値をとりながら a に限りなく近づくとき，その近づき方によらず，$f(x)$ の値が一定の値 b に限りなく近づくならば，x が a に近づくとき $f(x)$ は b に**収束する**といい，次のように表す．

$$\lim_{x\to a} f(x)=b \quad \text{または} \quad f(x)\to b\ \ (x\to a)$$

また，b を x が a に近づくときの $f(x)$ の**極限値**という．上の例においては

$$\lim_{x\to 2} x^2=4 \quad \text{または} \quad x^2\to 4\ \ (x\to 2)$$

となり，x が 2 に近づくときの x^2 の極限値は 4 である．

問・1 次の極限値を求めよ．

(1) $\displaystyle\lim_{x\to 2} x^4$　　(2) $\displaystyle\lim_{x\to 1} 3^x$　　(3) $\displaystyle\lim_{x\to \frac{\pi}{2}} \sin x$

極限値 $\displaystyle\lim_{x\to a} f(x)$，$\displaystyle\lim_{x\to a} g(x)$ が存在するとき，次の性質が成り立つ．

●極限値の性質

(I) $\displaystyle\lim_{x\to a}\{f(x)\pm g(x)\}=\lim_{x\to a} f(x)\pm\lim_{x\to a} g(x)$　　（複号同順）

(II) $\displaystyle\lim_{x\to a} cf(x)=c\lim_{x\to a} f(x)$　　（c は定数）

(III) $\displaystyle\lim_{x\to a}\{f(x)g(x)\}=\lim_{x\to a} f(x)\lim_{x\to a} g(x)$

(IV) $\displaystyle\lim_{x\to a}\frac{f(x)}{g(x)}=\frac{\displaystyle\lim_{x\to a} f(x)}{\displaystyle\lim_{x\to a} g(x)}$　　（ただし　$g(x)\neq 0$，$\displaystyle\lim_{x\to a} g(x)\neq 0$）

例 1　$\lim_{x \to 2} x^2 = 4$, $\lim_{x \to 2} \sqrt{x+2} = 2$ だから

$$\lim_{x \to 2} \left(x^2 + \sqrt{x+2}\right) = 4 + 2 = 6$$

$$\lim_{x \to 2} \left(x^2 \sqrt{x+2}\right) = 4 \times 2 = 8$$

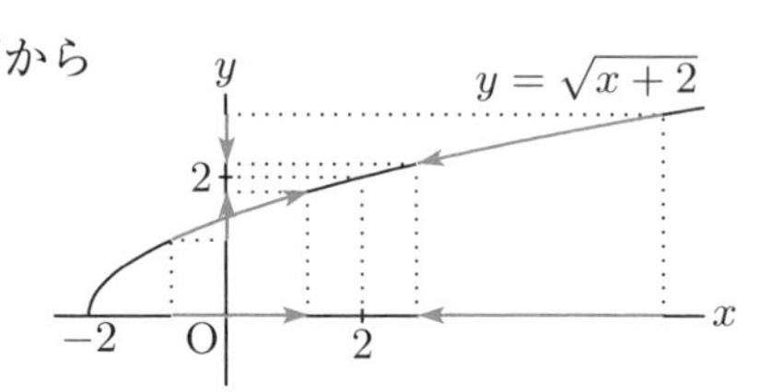

問・2　次の極限値を求めよ.

(1) $\lim_{x \to 1}(x^2 + x)$　　(2) $\lim_{x \to 1} \sin \pi x$　　(3) $\lim_{x \to 1} \dfrac{x+1}{x-2}$

$\lim_{x \to a} f(x)$ の計算においては，x が a とは異なる値をとりながら a に近づくこと，つまり $x \neq a$ であることが重要である．例えば，$\lim_{x \to 0} \dfrac{x^2}{x}$ において，$x = 0$ とすると，$\dfrac{x^2}{x}$ の分母が 0 となって分数として意味をもたなくなるが，$x \neq 0$ であれば，$\dfrac{x^2}{x} = x$ となるから

$$\lim_{x \to 0} \frac{x^2}{x} = \lim_{x \to 0} x = 0$$

になる．同様な例を例題として示そう．

例題 1　$\lim_{x \to 2} \dfrac{x^2 - 4}{x - 2}$ を求めよ.

解　$x \neq 2$ のとき　$\dfrac{x^2-4}{x-2} = \dfrac{(x+2)(x-2)}{x-2} = x + 2$

$$\therefore \quad \lim_{x \to 2} \frac{x^2-4}{x-2} = \lim_{x \to 2}(x+2) = 4$$
//

問・3　次の極限値を求めよ.

(1) $\lim_{x \to 0} \dfrac{2x^2 + 5x}{5x}$　　(2) $\lim_{x \to 2} \dfrac{x^2 - x - 2}{x - 2}$

(3) $\lim_{x \to -2} \dfrac{2x^2 + 5x + 2}{x^2 + 3x + 2}$　　(4) $\lim_{x \to -1} \dfrac{x^4 - 1}{x + 1}$

変数 x の値が限りなく大きくなることを $\boldsymbol{x \to \infty}$ で表す．ここで，記号 ∞ を**正の無限大**という．x の値が限りなく大きくなるとき，関数 $f(x)$ の値が一定の値 b に限りなく近づくならば，$f(x)$ は b に**収束する**という．

また，b を $x \to \infty$ のときの $f(x)$ の**極限値**といい

$$\lim_{x \to \infty} \boldsymbol{f(x) = b} \quad \text{または} \quad \boldsymbol{f(x) \to b \ (x \to \infty)}$$

で表す．x の値が負でその絶対値が限りなく大きくなることを $\boldsymbol{x \to -\infty}$ で表す．記号 $-\infty$ を**負の無限大**といい，極限値についても同様に定める．

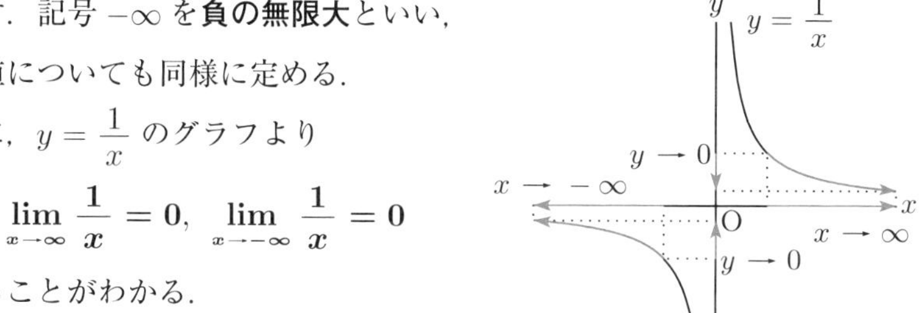

特に，$y = \dfrac{1}{x}$ のグラフより

$$\lim_{x \to \infty} \frac{1}{x} = 0, \quad \lim_{x \to -\infty} \frac{1}{x} = 0$$

であることがわかる．

例 2　$\displaystyle\lim_{x \to \infty}\left(1 - \frac{1}{x}\right) = 1, \quad \lim_{x \to \infty}\left(1 + \frac{1}{x}\right) = 1$

●**注**…… $x > 0$ のとき，$1 - \dfrac{1}{x} < 1 + \dfrac{1}{x}$ であるが，$x \to \infty$ のときの極限値は両辺ともに 1 となる．一般に，次の性質が成り立つ．

$$f(x) < g(x) \text{ ならば } \quad \lim_{x \to a} f(x) \leqq \lim_{x \to a} g(x)$$

例題 2　次の極限値を求めよ．

(1) $\displaystyle\lim_{x \to \infty} \frac{x-1}{x+1}$　　(2) $\displaystyle\lim_{x \to -\infty} \frac{2x^2 - 3x + 1}{x^2 + 1}$

解　分数式を変形して，$\displaystyle\lim_{x \to \infty} \frac{1}{x} = 0, \ \lim_{x \to -\infty} \frac{1}{x} = 0$ などを用いる．

(1) $$\lim_{x \to \infty} \frac{x-1}{x+1} = \lim_{x \to \infty} \frac{(x-1) \times \frac{1}{x}}{(x+1) \times \frac{1}{x}} = \lim_{x \to \infty} \frac{1 - \frac{1}{x}}{1 + \frac{1}{x}} = \frac{1-0}{1+0} = 1$$

(2) $$\lim_{x \to -\infty} \frac{2x^2 - 3x + 1}{x^2 + 1} = \lim_{x \to -\infty} \frac{(2x^2 - 3x + 1) \times \frac{1}{x^2}}{(x^2 + 1) \times \frac{1}{x^2}}$$

$$= \lim_{x \to -\infty} \frac{2 - \frac{3}{x} + \frac{1}{x^2}}{1 + \frac{1}{x^2}} = \frac{2}{1} = 2$$

//

問・4 次の極限値を求めよ.

(1) $\displaystyle\lim_{x\to\infty}\frac{4x-1}{2x+1}$　(2) $\displaystyle\lim_{x\to-\infty}\frac{3x^2-1}{x^2+3x+1}$

(3) $\displaystyle\lim_{x\to\infty}\frac{2x+1}{x^2+x+1}$　(4) $\displaystyle\lim_{x\to\infty}\frac{\sqrt{4x^2+1}}{x}$

例題 3 次の極限値を求めよ.

(1) $\displaystyle\lim_{x\to\infty}\left(\sqrt{x^2+1}-x\right)$　(2) $\displaystyle\lim_{x\to\infty}\left(\sqrt{x^2+x}-x\right)$

解 分数式とみて，分子を有理化する.

(1)
$$\lim_{x\to\infty}\left(\sqrt{x^2+1}-x\right)=\lim_{x\to\infty}\frac{\left(\sqrt{x^2+1}-x\right)\left(\sqrt{x^2+1}+x\right)}{\sqrt{x^2+1}+x}$$
$$=\lim_{x\to\infty}\frac{1}{\sqrt{x^2+1}+x}=0$$

$\left(\sqrt{x^2+1}-x\right)\left(\sqrt{x^2+1}+x\right)=\left(\sqrt{x^2+1}\right)^2-x^2$

(2)
$$\lim_{x\to\infty}\left(\sqrt{x^2+x}-x\right)=\lim_{x\to\infty}\frac{\left(\sqrt{x^2+x}-x\right)\left(\sqrt{x^2+x}+x\right)}{\sqrt{x^2+x}+x}$$
$$=\lim_{x\to\infty}\frac{x}{\sqrt{x^2+x}+x}$$
$$=\lim_{x\to\infty}\frac{1}{\sqrt{1+\dfrac{1}{x}}+1}=\frac{1}{2}$$
//

問・5 次の極限値を求めよ.

(1) $\displaystyle\lim_{x\to\infty}\left(\sqrt{x^2+2}-x\right)$　(2) $\displaystyle\lim_{x\to\infty}\left(\sqrt{x^2+2x}-x\right)$

$x\to a$ のとき，関数 $f(x)$ の値が限りなく大きくなるならば，$x\to a$ のときの $f(x)$ の**極限**は ∞ であるといい，次のように表す.

$$\boldsymbol{\lim_{x\to a}f(x)=\infty} \quad \text{または} \quad \boldsymbol{f(x)\to\infty\ (x\to a)}$$

極限が $-\infty$ の場合についても同様である.

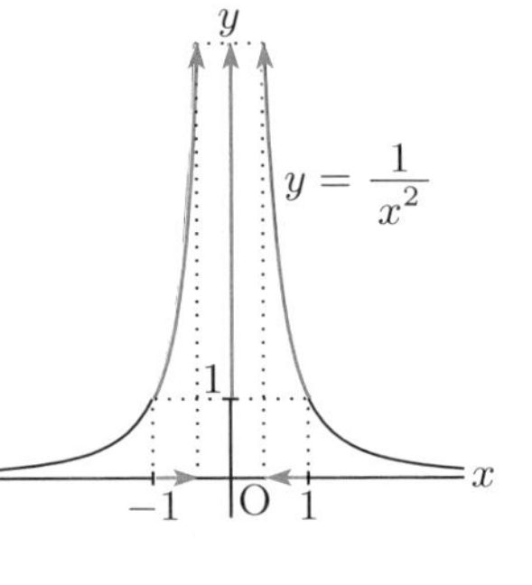

例 3 $\displaystyle\lim_{x\to0}\frac{1}{x^2}=\infty$

1 3 微分係数

関数 $y=f(x)$ において，変数 x の値が x_1 から x_2 まで変わるとき，対応する y の値が $y_1=f(x_1)$ から $y_2=f(x_2)$ まで変わるとする．このとき，x の値の変化量 x_2-x_1 を x の**増分**といい，y_2-y_1 を y の増分という．

y の増分と x の増分の比

$$\frac{y_2-y_1}{x_2-x_1}=\frac{f(x_2)-f(x_1)}{x_2-x_1} \qquad (1)$$

を $f(x)$ の x_1 から x_2 までの**平均変化率**という．

平均変化率は曲線 $y=f(x)$ 上の2点 $(x_1,\ y_1),\ (x_2,\ y_2)$ を通る直線の傾きである．

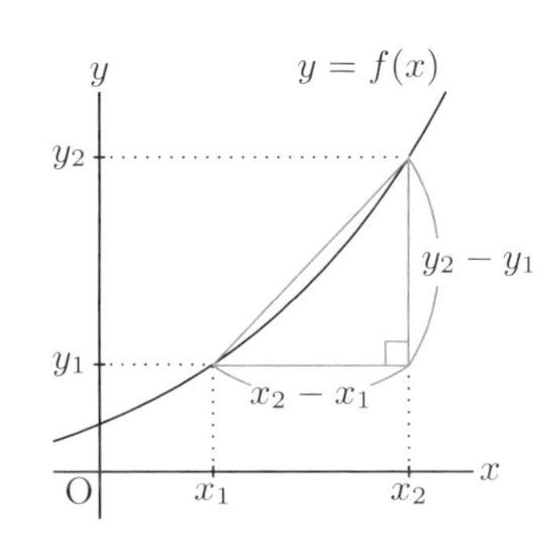

例 4　関数 $f(x)=x^2+3$ について

$f(2)=7,\ f(5)=28$ だから，この関数の2から5までの平均変化率は

$$\frac{28-7}{5-2}=\frac{21}{3}=7$$

問・6　次の値を求めよ．ただし，$a \neq b$ とする．

(1)　関数 $y=x^2$ の1から3までの平均変化率

(2)　関数 $y=x^2$ の a から b までの平均変化率

a の近くに z をとる．関数 $f(x)$ の a から z までの平均変化率

$$\frac{f(z)-f(a)}{z-a}$$

において，$z \to a$ としたときの極限値が存在するとき，これを $f(x)$ の $x=a$ における**微分係数**（または**変化率**）といい，$\boldsymbol{f'(a)}$ で表す．

$$\boldsymbol{f'(a)=\lim_{z\to a}\frac{f(z)-f(a)}{z-a}} \qquad (2)$$

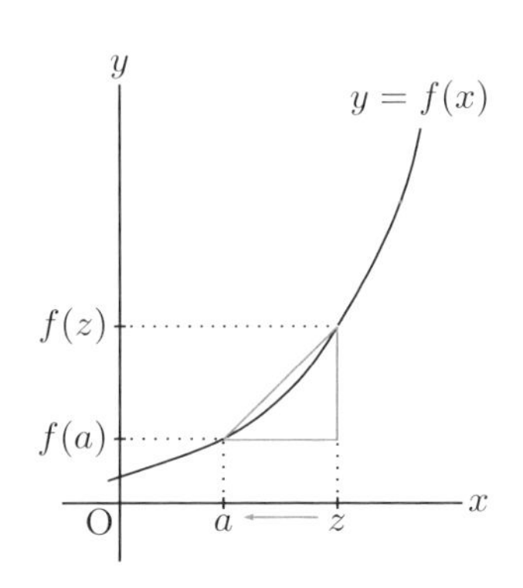

例 5　$f(x)=x^2$ の $x=1$ における微分係数は

$$f'(1)=\lim_{z\to1}\frac{z^2-1}{z-1}=\lim_{z\to1}(z+1)=2$$

問・7　$f(x)=x^2$ の $x=3$ における微分係数を求めよ．

$x=a$ における微分係数 $f'(a)$ が存在するとき，関数 $f(x)$ は $x=a$ において**微分可能**であるという．

(2) で $z-a=h$ とおくと，h は x の増分で，$z=a+h$ が成り立つ．また

$$z\to a \text{ のとき } \quad h\to0$$

となるから，(2) は次のように表すこともできる．

$$\boldsymbol{f'(a)=\lim_{h\to0}\frac{f(a+h)-f(a)}{h}} \tag{3}$$

曲線 $y=f(x)$ 上の2点を $\mathrm{A}(a,\ f(a))$，$\mathrm{P}(z,\ f(z))$ とすると，a から z までの平均変化率は直線 AP の傾きである．$z\to a$ とすれば，点 P は曲線に沿って点 A に限りなく近づき，直線 AP は点 A を通る1つの直線 ℓ に限りなく近づく．この直線 ℓ を点 A における曲線 $y=f(x)$ の**接線**といい，点 A をその**接点**という．以上のことから，微分係数 $f'(a)$ は点 A における接線の傾きであることがわかる．

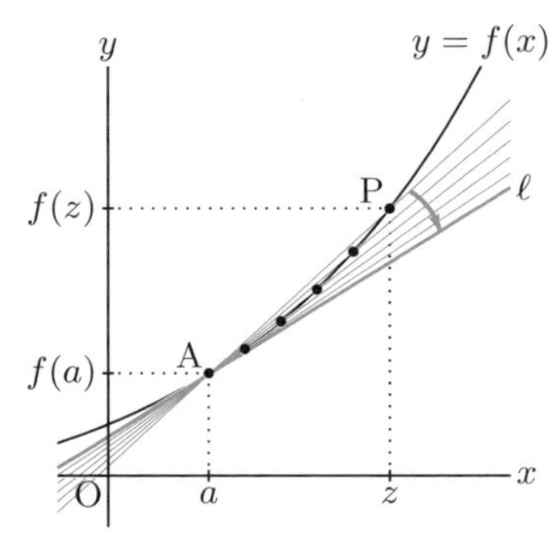

微分係数と接線の傾き

曲線 $y=f(x)$ 上の点 $(a,\ f(a))$ における接線の傾きは，微分係数 $f'(a)$ に等しい．

問・8　$f(x)=x^2$ について，$f'(a)$ を求めよ．また，グラフ上の点 (2, 4) における接線の傾きを求めよ．

1 4 導関数

2 つの実数 a, b $(a < b)$ について，$a < x < b$ を満たす実数 x 全体の集合を**開区間**といい，$(a,\ b)$ で表す．また，$a \leqq x \leqq b$ を満たす実数 x 全体の集合を**閉区間**といい，$[a,\ b]$ で表す．

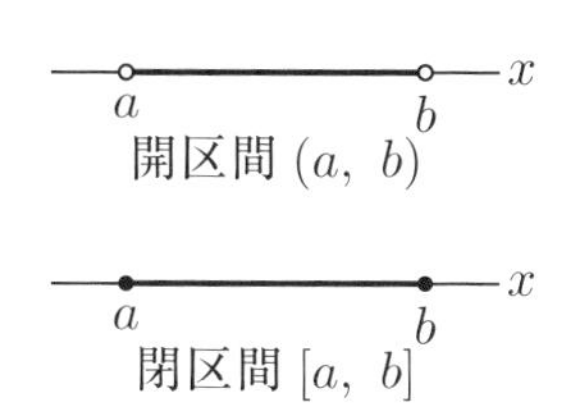

このほか，$a < x \leqq b$, $a \leqq x < b$, $x > a$, $x \leqq b$ などを満たす実数 x 全体の集合を，それぞれ $(a,\ b]$, $[a,\ b)$, $(a,\ \infty)$, $(-\infty,\ b]$ などで表す．また，実数全体の集合を $(-\infty,\ \infty)$ で表す．これらを総称して**区間**といい，I などの記号で表す．区間内の実数 x を**点** x ということがある．

ある区間内のすべての点において関数 $f(x)$ が微分可能であるとき，関数 $f(x)$ はその**区間で微分可能**であるという．このとき，区間内の x の値に関数 $f(x)$ の微分係数を対応させると，x の関数が得られる．この関数を $f(x)$ の**導関数**といい，$\boldsymbol{f'(x)}$ で表す．

11 ページの (2) と 12 ページの (3) において，a を x に置き換えることにより，導関数を定義する次の式が得られる．

$$\boldsymbol{f'(x) = \lim_{z \to x} \frac{f(z) - f(x)}{z - x}} \tag{1}$$

$$\boldsymbol{= \lim_{h \to 0} \frac{f(x+h) - f(x)}{h}} \tag{2}$$

x の増分，y の増分をそれぞれ Δx, Δy と書くこともある．

このとき，(2) は次のように表される．

$$\boldsymbol{f'(x) = \lim_{\Delta x \to 0} \frac{\Delta y}{\Delta x} = \lim_{\Delta x \to 0} \frac{f(x+\Delta x) - f(x)}{\Delta x}} \tag{3}$$

関数 $y = f(x)$ の導関数を次のように表すこともある．

$$\boldsymbol{y',\quad \frac{dy}{dx},\quad \frac{d}{dx}f(x)} \tag{4}$$

関数 $f(x)$ の導関数を求めることを $f(x)$ を**微分する**という．

例題 4　関数 $y = x^3$ の導関数を求めよ．また，$x = 2$ における微分係数を求めよ．

解　$f(x) = x^3$ とおき，定義式 (1) を用いる．

$$f'(x) = \lim_{z \to x} \frac{z^3 - x^3}{z - x} = \lim_{z \to x} \frac{(z - x)(z^2 + zx + x^2)}{z - x}$$
$$= \lim_{z \to x}(z^2 + zx + x^2) = 3x^2$$

$x = 2$ における微分係数は　$f'(2) = 3 \times 2^2 = 12$　//

別解　定義式 (2) を用いて，$(x + h)^3$ を展開する．

$$\frac{dy}{dx} = \lim_{h \to 0} \frac{(x + h)^3 - x^3}{h}$$
$$= \lim_{h \to 0} \frac{x^3 + 3x^2h + 3xh^2 + h^3 - x^3}{h}$$
$$= \lim_{h \to 0}\left(3x^2 + 3xh + h^2\right) = 3x^2$$

$x = 2$ における微分係数は　$\left(\dfrac{dy}{dx}\right)_{x=2} = 12$　//

●**注**…… y が x の関数であるとき，$x = a$ のときの y の値を $\left(y\right)_{x=a}$ または $y(a)$ のように表すことがある．

問・9　次の関数の導関数および $x = 1$ における微分係数を求めよ．

(1)　$y = x^3 + 2$　　　(2)　$y = x^2 + 3x$

一般に，n が正の整数のとき，次の等式が成り立つ．

$$z^n - x^n = (z - x)\left(z^{n-1} + z^{n-2}x + \cdots + zx^{n-2} + x^{n-1}\right)$$

両辺を $z - x$ で割って，$z \to x$ とすると

$$\lim_{z \to x} \frac{z^n - x^n}{z - x} = \lim_{z \to x}\left(z^{n-1} + z^{n-2}x + \cdots + zx^{n-2} + x^{n-1}\right) = nx^{n-1}$$

したがって，べき関数 $y = x^n$ の導関数について次の公式が得られる．

n が正の整数のとき　$(x^n)' = nx^{n-1}$

1 5　導関数の性質

まず，c を定数とするとき，定数関数 $f(x)=c$ の導関数を求めよう．

$$f(z)-f(x)=c-c=0$$

より，13 ページの導関数の定義式 (1) を用いて

$$f'(x)=\lim_{z\to x}\frac{f(z)-f(x)}{z-x}=\lim_{z\to x}\frac{0}{z-x}=\lim_{z\to x}0=0$$

したがって

$$(c)'=0 \qquad (1)$$

また，$f(x)$, $g(x)$ が微分可能であるとき，$cf(x)$，および $f(x)$ と $g(x)$ の和・差の導関数は次のようになる．

$$\begin{aligned}\{cf(x)\}' &= \lim_{z\to x}\frac{cf(z)-cf(x)}{z-x}\\ &= c\lim_{z\to x}\frac{f(z)-f(x)}{z-x}=cf'(x) \qquad (2)\end{aligned}$$

$$\begin{aligned}&\{f(x)\pm g(x)\}'\\ &\quad=\lim_{z\to x}\frac{\{f(z)\pm g(z)\}-\{f(x)\pm g(x)\}}{z-x}\\ &\quad=\lim_{z\to x}\frac{f(z)-f(x)}{z-x}\pm\lim_{z\to x}\frac{g(z)-g(x)}{z-x}\\ &\quad=f'(x)\pm g'(x)\quad\text{（複号同順）} \qquad (3)\end{aligned}$$

(1), (2), (3) をまとめて，次の導関数の性質が得られる．

導関数の性質 (1)

微分可能である関数 f, g および定数 c について

(I)　$(c)'=0$

(II)　$(cf)'=cf'$

(III)　$(f\pm g)'=f'\pm g'$　（複号同順）

例 6　$(2x^3)'=2(x^3)'=2\cdot 3x^2=6x^2$, $\left(\dfrac{x^4}{2}\right)'=\dfrac{(x^4)'}{2}=\dfrac{4x^3}{2}=2x^3$

$(3x^4-5x+2)'=3(x^4)'-5(x)'+(2)'=12x^3-5$

問・10 次の関数を微分せよ．

(1)　$y = 3x^2$　　(2)　$y = -x^3 + \sqrt{2}$

(3)　$y = \dfrac{1}{3}(2x^3 + 3x)$　　(4)　$y = \dfrac{x^6 + x^4}{2}$

$g(x)$ が微分可能であるとき，$\displaystyle\lim_{z \to x} \frac{g(z) - g(x)}{z - x} = g'(x)$ だから

$$\lim_{z \to x}\{g(z) - g(x)\} = \lim_{z \to x} \frac{g(z) - g(x)}{z - x}(z - x) = g'(x) \cdot 0 = 0$$

よって，次の式が成り立つ．

$$\lim_{z \to x} g(z) = g(x) \tag{4}$$

(4) を用いて，関数の積および商の導関数を求めよう．

まず，$y = f(x)g(x)$ とおくと，y の増分 Δy は

$$\begin{aligned}\Delta y &= f(z)g(z) - f(x)g(x) \\ &= f(z)g(z) - f(x)g(z) + f(x)g(z) - f(x)g(x) \\ &= \{f(z) - f(x)\}g(z) + f(x)\{g(z) - g(x)\}\end{aligned}$$

これから

$$\frac{dy}{dx} = \lim_{z \to x}\left\{\frac{f(z) - f(x)}{z - x}g(z) + f(x)\frac{g(z) - g(x)}{z - x}\right\}$$

導関数の定義式と (4) より

$$\{f(x)g(x)\}' = f'(x)g(x) + f(x)g'(x) \tag{5}$$

次に，$y = \dfrac{f(x)}{g(x)}$ とおくと

$$\begin{aligned}\Delta y &= \frac{f(z)}{g(z)} - \frac{f(x)}{g(x)} = \frac{f(z)g(x) - f(x)g(z)}{g(z)g(x)} \\ &= \frac{\{f(z) - f(x)\}g(x) - f(x)\{g(z) - g(x)\}}{g(z)g(x)}\end{aligned}$$

となるから，積の場合と同様にして，商の導関数は次のようになる．

$$\left\{\frac{f(x)}{g(x)}\right\}' = \frac{f'(x)g(x) - f(x)g'(x)}{\{g(x)\}^2} \tag{6}$$

(5), (6) をまとめて，次の性質が得られる．

●導関数の性質 (2)

微分可能である関数 f, g について

(IV) $(fg)' = f'g + fg'$ （積の微分公式）

(V) $\left(\dfrac{f}{g}\right)' = \dfrac{f'g - fg'}{g^2}$ （ただし $g \neq 0$） （商の微分公式）

●注……特に，(V) で $f = 1$ とおくと

$$\left(\frac{1}{g}\right)' = -\frac{g'}{g^2} \qquad (7)$$

(7) を直接導くこともできる．このとき，(V) は次のように証明される．

$$\left(\frac{f}{g}\right)' = f'\left(\frac{1}{g}\right) + f\left(\frac{1}{g}\right)' = \frac{f'}{g} - \frac{fg'}{g^2} = \frac{f'g - fg'}{g^2}$$

例題 5 次の関数を微分せよ．

(1) $y = (x+4)(x^2+2x-3)$ (2) $s = \dfrac{t+3}{t-1}$

解 (1) $y' = (x+4)'(x^2+2x-3) + (x+4)(x^2+2x-3)'$

$= 1 \cdot (x^2+2x-3) + (x+4) \cdot (2x+2) = 3x^2+12x+5$

(2) $\dfrac{ds}{dt} = \dfrac{(t+3)'(t-1) - (t+3)(t-1)'}{(t-1)^2}$

$= \dfrac{(t-1)-(t+3)}{(t-1)^2} = -\dfrac{4}{(t-1)^2}$ //

問・11 次の関数を微分せよ．

(1) $y = (x+2)(2x-5)$ (2) $y = (2x-1)(2x^2-3x+1)$

(3) $s = (t^2+3)(t^3+2)$ (4) $y = \dfrac{2x}{x+3}$

(5) $s = \dfrac{1}{t-4}$ (6) $y = x^2 + \dfrac{3}{x+1}$

例題 6 f_1, f_2, f_3 が微分可能な関数であるとき，次を証明せよ．

$$(\boldsymbol{f_1 f_2 f_3})' = \boldsymbol{f_1' f_2 f_3 + f_1 f_2' f_3 + f_1 f_2 f_3'}$$

解

$$\begin{aligned}(f_1 f_2 f_3)' &= \{(f_1 f_2) f_3\}' = (f_1 f_2)' f_3 + (f_1 f_2) f_3' \\ &= (f_1' f_2 + f_1 f_2') f_3 + (f_1 f_2) f_3' \\ &= f_1' f_2 f_3 + f_1 f_2' f_3 + f_1 f_2 f_3' \end{aligned}$$

//

問・12 次の関数を微分せよ．

(1) $y = (x+2)(x-1)(x-4)$　　(2) $s = (t^2+2)(t^2-1)(t^2-5)$

例題 7 $x \neq 0$ のとき，正の整数 m について次の公式を証明せよ．

$$(\boldsymbol{x^{-m}})' = \boldsymbol{-m x^{-m-1}}$$

解

$$(x^{-m})' = \left(\frac{1}{x^m}\right)' = -\frac{(x^m)'}{(x^m)^2} = -\frac{m x^{m-1}}{x^{2m}} = -m x^{-m-1}$$

//

例 7

$$\left(\frac{1}{x}\right)' = (x^{-1})' = -x^{-2} = -\frac{1}{x^2}$$

$$\left(\frac{1}{x^2}\right)' = (x^{-2})' = -2x^{-3} = -\frac{2}{x^3}$$

問・13 次の関数を微分せよ．

(1) $y = \dfrac{1}{x^5}$　　(2) $s = \dfrac{3}{t^4}$

(3) $y = 3x^{-2} + 2x^{-3}$　　(4) $s = 3t^2 + \dfrac{1}{t^3}$

例題 7 より，n が負の整数の場合でも，公式

$$(\boldsymbol{x^n})' = \boldsymbol{n\, x^{n-1}} \tag{8}$$

が成り立つ．

実は，(8) の公式は n が分数のときも成り立つ．その例を例題で示そう．

例題 8 $x > 0$ のとき，$\left(x^{\frac{1}{3}}\right)' = \dfrac{1}{3}x^{-\frac{2}{3}}$ を証明せよ．

解 $A^3 - B^3 = (A-B)(A^2+AB+B^2)$ より

$$\frac{A-B}{A^3-B^3} = \frac{1}{A^2+AB+B^2}$$

A, B にそれぞれ $z^{\frac{1}{3}}$, $x^{\frac{1}{3}}$ を代入すると

$$\frac{z^{\frac{1}{3}} - x^{\frac{1}{3}}}{z-x} = \frac{1}{z^{\frac{2}{3}} + z^{\frac{1}{3}}x^{\frac{1}{3}} + x^{\frac{2}{3}}}$$

$z \to x$ とすると

$$\left(x^{\frac{1}{3}}\right)' = \lim_{z\to x}\frac{z^{\frac{1}{3}} - x^{\frac{1}{3}}}{z-x} = \frac{1}{3x^{\frac{2}{3}}} = \frac{1}{3}x^{-\frac{2}{3}} \qquad //$$

一般に，$x > 0$ のとき，有理数 r について次の公式が成り立つ．

$$\boldsymbol{(x^r)' = rx^{r-1}} \tag{9}$$

例 8 $(\sqrt{x})' = \left(x^{\frac{1}{2}}\right)' = \dfrac{1}{2}x^{-\frac{1}{2}} = \dfrac{1}{2\sqrt{x}}$

問・14 $x > 0$ のとき，次の関数を微分せよ．

(1) $y = x^{\frac{2}{3}}$　　(2) $y = \sqrt[5]{x^3}$　　(3) $y = x\sqrt{x}$

例題 9 $x > 0$ のとき，関数 $y = \dfrac{\sqrt{x}}{x+1}$ を微分せよ．

解

$$y' = \frac{(\sqrt{x})'(x+1) - \sqrt{x}\,(x+1)'}{(x+1)^2} = \frac{\dfrac{1}{2\sqrt{x}}(x+1) - \sqrt{x}}{(x+1)^2}$$

分母と分子に $2\sqrt{x}$ を掛ける

$$= \frac{(x+1)-2x}{2(x+1)^2\sqrt{x}} = \frac{-x+1}{2(x+1)^2\sqrt{x}} \qquad //$$

問・15 $x > 0$ のとき，次の関数を微分せよ．

(1) $y = (x+1)\sqrt{x}$　　(2) $y = \dfrac{\sqrt{x}}{x-1}$

例題 10　a, b は定数で，$a \neq 0$ とするとき，次の公式を証明せよ．

$$\{f(ax+b)\}' = af'(ax+b)$$

解　$\{f(ax+b)\}' = \displaystyle\lim_{z \to x} \frac{f(az+b) - f(ax+b)}{z-x}$

ここで，$ax+b=u$, $az+b=w$ とおくと，$z \to x$ のとき　$w \to u$

また，$w-u=(az+b)-(ax+b)=a(z-x)$ だから

$$\begin{aligned}\{f(ax+b)\}' &= \lim_{z \to x} \frac{a\{f(az+b) - f(ax+b)\}}{a(z-x)} \\ &= a\lim_{w \to u} \frac{f(w)-f(u)}{w-u} \\ &= af'(u) = af'(ax+b)\end{aligned}$$

//

●**注**…… $\{f(ax+b)\}'$ は $f(x)$ の変数 x に $ax+b$ を代入してから x で微分したもの，$f'(ax+b)$ は $f(x)$ を微分してから $ax+b$ を代入したものである．

例 9　$(x^5)' = 5x^4$ より

$$\{(3x+2)^5\}' = 3 \cdot 5(3x+2)^4 = 15(3x+2)^4$$

$(\sqrt{x})' = \left(x^{\frac{1}{2}}\right)' = \dfrac{1}{2}x^{-\frac{1}{2}}$ より

$$\left\{\sqrt{4x-1}\right\}' = \left\{(4x-1)^{\frac{1}{2}}\right\}' = 4 \cdot \frac{1}{2}(4x-1)^{-\frac{1}{2}} = \frac{2}{\sqrt{4x-1}}$$

$$\{(3x+2)^5\}' = \boxed{3} \cdot 5(\boxed{3}\,x+2)^4$$

$$\left\{(4x-1)^{\frac{1}{2}}\right\}' = \boxed{4} \cdot \frac{1}{2}(\boxed{4}\,x-1)^{-\frac{1}{2}}$$

問・16　次の関数を微分せよ．

(1)　$y = (-2x+1)^5$　　(2)　$y = (2x-3)^{\frac{5}{2}}$

(3)　$y = \sqrt{(3x+1)^3}$　　(4)　$y = \dfrac{1}{(5x+1)^2}$

1 6 三角関数の導関数

まず，次の極限値を求めよう．

$$\lim_{\theta \to 0} \frac{\sin\theta}{\theta}$$

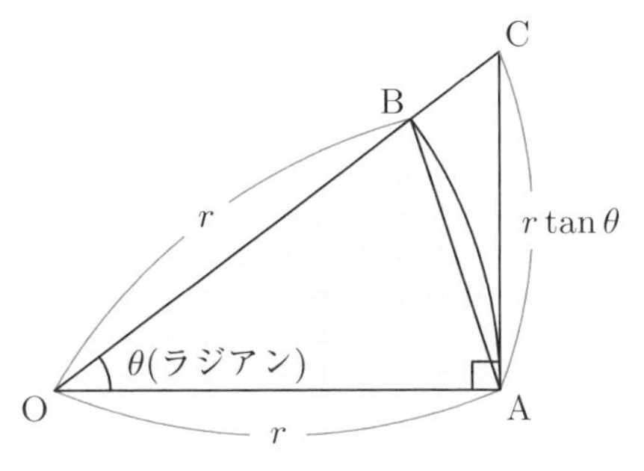

$0 < \theta < \dfrac{\pi}{2}$ として，図のように O を中心とし，半径が r で，中心角が θ（ラジアン）の扇形をつくる．

点 A における弧 AB の接線と直線 OB の交点を C とすると，△OAB，扇形 OAB，△OAC の面積は，それぞれ $\dfrac{1}{2}r^2\sin\theta$，$\dfrac{1}{2}r^2\theta$，$\dfrac{1}{2}r^2\tan\theta$ だから，次の不等式が成り立つ．

$$\frac{1}{2}r^2\sin\theta < \frac{1}{2}r^2\theta < \frac{1}{2}r^2\tan\theta$$

これから　$\sin\theta < \theta < \tan\theta$

各辺を $\sin\theta(>0)$ で割ると　$1 < \dfrac{\theta}{\sin\theta} < \dfrac{1}{\cos\theta}$

各辺の逆数をとって　$\cos\theta < \dfrac{\sin\theta}{\theta} < 1$　(1)

次に，$-\dfrac{\pi}{2} < \theta < 0$ のときは $0 < -\theta < \dfrac{\pi}{2}$ だから，(1) より

$$\cos(-\theta) < \frac{\sin(-\theta)}{-\theta} < 1$$

$\cos(-\theta) = \cos\theta$，$\dfrac{\sin(-\theta)}{-\theta} = \dfrac{\sin\theta}{\theta}$ より，(1) は $\theta < 0$ のときも成り立つ．

これから　$\displaystyle\lim_{\theta \to 0}\cos\theta \leqq \lim_{\theta \to 0}\frac{\sin\theta}{\theta} \leqq 1$　(2)

$\displaystyle\lim_{\theta \to 0}\cos\theta = 1$ だから，次の公式が得られる．

●三角関数の極限値

$$\lim_{\theta \to 0}\frac{\sin\theta}{\theta} = 1$$

●**注**…… (2) のような不等式があるとき，両側の極限値が一致すれば，間にはさまれた極限値も等しくなる．これを**はさみうちの原理**という．

例題 11 次の極限値を求めよ.

(1) $\displaystyle\lim_{\theta\to 0}\frac{\sin 2\theta}{\theta}$　　(2) $\displaystyle\lim_{\theta\to 0}\frac{1-\cos\theta}{\theta^2}$

解 (1) $2\theta = t$ とおくと, $\theta \to 0$ のとき $t \to 0$ より

$$\lim_{\theta\to 0}\frac{\sin 2\theta}{\theta} = \lim_{\theta\to 0}\frac{2\sin 2\theta}{2\theta} = 2\lim_{t\to 0}\frac{\sin t}{t} = 2\cdot 1 = 2$$

(2) $$\frac{1-\cos\theta}{\theta^2} = \frac{(1-\cos\theta)(1+\cos\theta)}{\theta^2(1+\cos\theta)} = \frac{\sin^2\theta}{\theta^2(1+\cos\theta)}$$

$$\therefore\quad \lim_{\theta\to 0}\frac{1-\cos\theta}{\theta^2} = \lim_{\theta\to 0}\left(\frac{\sin\theta}{\theta}\right)^2\frac{1}{1+\cos\theta} = \frac{1}{2}$$ //

問・17 次の極限値を求めよ.

(1) $\displaystyle\lim_{\theta\to 0}\frac{\sin 5\theta}{3\theta}$　　(2) $\displaystyle\lim_{\theta\to 0}\frac{\theta}{\sin 2\theta}$　　(3) $\displaystyle\lim_{\theta\to 0}\frac{1-\cos 2\theta}{\theta^2}$

$y = \sin x$ の導関数を, 21 ページの公式を用いて求めよう.

13 ページの導関数の定義式 (1) と 6 ページの和・差を積に直す公式より

$$(\sin x)' = \lim_{z\to x}\frac{\sin z - \sin x}{z - x} = \lim_{z\to x}\frac{2\cos\dfrac{z+x}{2}\sin\dfrac{z-x}{2}}{z-x}$$

$$= \lim_{z\to x}\cos\frac{z+x}{2}\lim_{z\to x}\frac{\sin\dfrac{z-x}{2}}{\dfrac{z-x}{2}} = \lim_{z\to x}\cos\frac{z+x}{2}\lim_{\theta\to 0}\frac{\sin\theta}{\theta}$$

$$= \cos x\cdot 1 = \cos x$$

↑ $\dfrac{z-x}{2} = \theta$ とおく

また, 次の式を用いて同様に計算すれば $(\cos x)' = -\sin x$ が導かれる.

$$\cos z - \cos x = -2\sin\frac{z+x}{2}\sin\frac{z-x}{2}$$

$y = \tan x$ の導関数は, 商の微分公式を用いて

$$(\tan x)' = \left(\frac{\sin x}{\cos x}\right)' = \frac{(\sin x)'\cos x - \sin x(\cos x)'}{\cos^2 x}$$

$$= \frac{\cos x\cos x + \sin x\sin x}{\cos^2 x} = \frac{\cos^2 x + \sin^2 x}{\cos^2 x} = \frac{1}{\cos^2 x}$$

以上をまとめて，次の公式が得られる．

●三角関数の導関数

$$(\sin x)' = \cos x, \quad (\cos x)' = -\sin x, \quad (\tan x)' = \frac{1}{\cos^2 x}$$

問・18 次の関数を微分せよ．

(1) $y = \sin x + \cos x$　　(2) $y = \sin x \cos x$

例 10 $y = \sin(2x-1)$

20 ページ例題 10 の公式を用いると　$y' = 2\cos(2x-1)$

$$\{\sin(2x-1)\}' = \boxed{2} \cdot \cos(\boxed{2}x-1)$$

問・19 次の関数を微分せよ．

(1) $y = \sin(3x+2)$　　(2) $y = \cos(3-2x)$　　(3) $y = \tan 3x$

1 7 指数関数と対数関数の導関数

指数関数 $y = a^x$ $(a > 0,\ a \neq 1)$ について考えよう．

まず，$y = a^x$ の $x = 0$ における微分係数は，11 ページの (2) より

$$\lim_{z\to 0}\frac{a^z - a^0}{z} = \lim_{z\to 0}\frac{a^z - 1}{z} \tag{1}$$

である．この値は曲線 $y = a^x$ 上の点 (0, 1) における接線の傾きであり，a の値が大きいほど大きい．また，図からわかるように (1) の値は，$a = 2,\ 2.5$ のときは 1 より小さく，$a = 3$ のときは 1 より大きい．

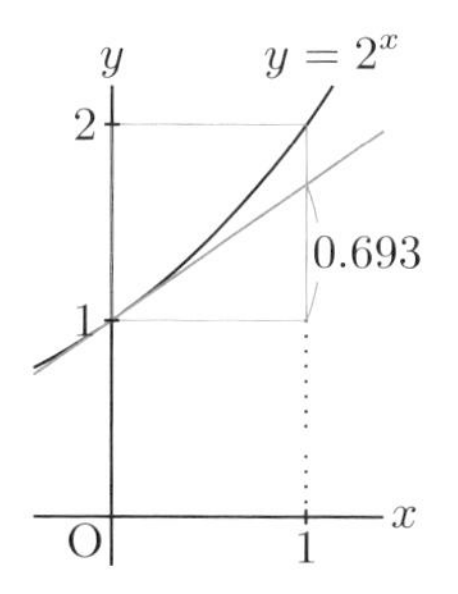

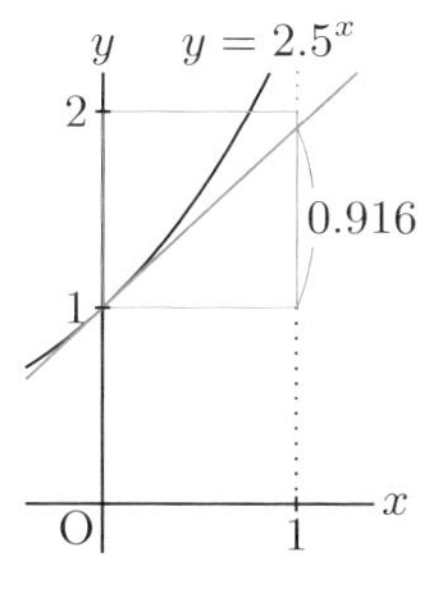

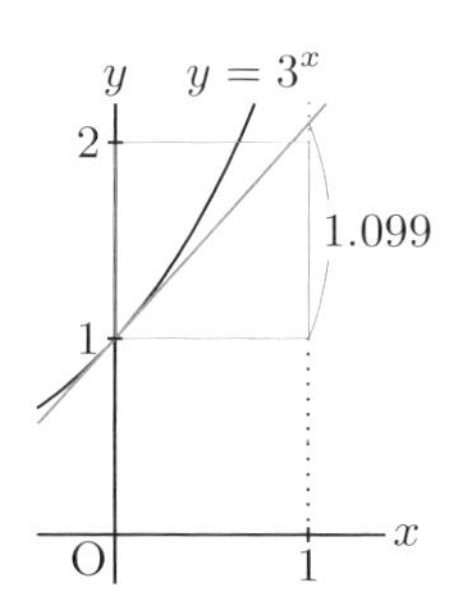

したがって，関数 $y=a^x$ の $x=0$ における微分係数の値がちょうど1になる定数 a が，2.5と3の間に存在することがわかる．この定数 a を記号 e で表し，**ネピアの数**という．すなわち，e について次の式が成り立つ．

$$\lim_{z \to 0} \frac{e^z - 1}{z} = 1 \qquad (2)$$

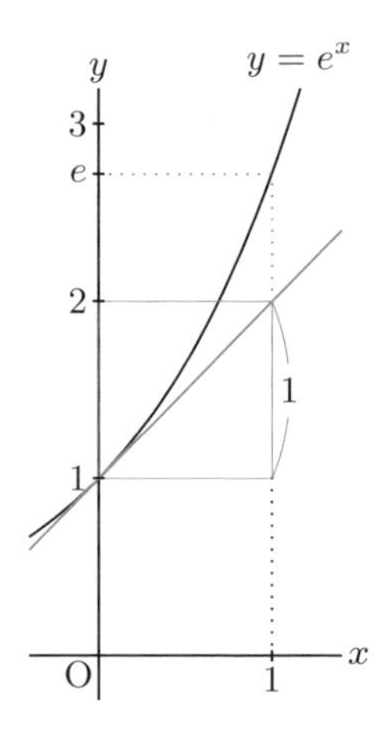

e は無理数で，その値は

$$e = 2.718281828459\cdots\cdots$$

であることが知られている．

$y=e^x$ の導関数を求めよう．

$$(e^x)' = \lim_{z \to x} \frac{e^z - e^x}{z - x} = \lim_{z \to x} \frac{e^{x+(z-x)} - e^x}{z - x}$$

$$= \lim_{z \to x} \frac{e^x e^{z-x} - e^x}{z - x} = e^x \lim_{z \to x} \frac{e^{z-x} - 1}{z - x}$$

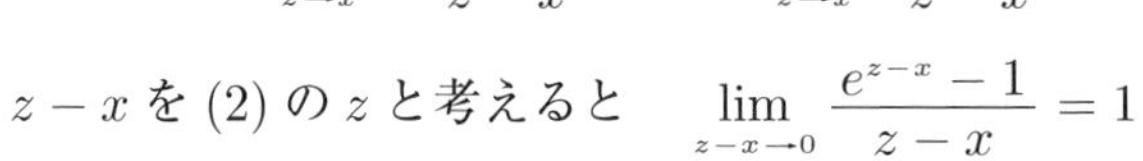

$z-x$ を (2) の z と考えると　$\displaystyle \lim_{z-x \to 0} \frac{e^{z-x} - 1}{z - x} = 1$

これから，$(e^x)' = e^x$ が得られる．

e^x の導関数

$$(e^x)' = e^x$$

例 11　$y = e^{5x}$

20ページ例題10の公式を用いると　$y' = 5e^{5x}$

$$(e^{5x})' = \boxed{5} \cdot e^{\boxed{5}x}$$

問・20　次の関数を微分せよ．

(1)　$y = e^{-2x}$　　(2)　$y = x^2 e^x$　　(3)　$y = e^x \sin x$

(4)　$y = e^{2x} \cos 3x$　　(5)　$y = \dfrac{e^x}{x}$　　(6)　$y = \dfrac{1}{\sqrt{e^x}}$

e を底とする対数 $\log_e x$ を**自然対数**といい，底の e を省略して $\boldsymbol{\log x}$，または $\boldsymbol{\ln x}$ と書く．対数の性質から，次の公式が成り立つ．

$$\log 1 = 0,\ \log e = 1$$

問・21 次の値を求めよ.

(1) $\log e^3$　　(2) $\log \dfrac{1}{e^2}$　　(3) $\log e\sqrt{e}$

自然対数 $y = \log x$ の導関数を求めよう.

$$(\log x)' = \lim_{z \to x} \frac{\log z - \log x}{z - x}$$

$y = \log x$ より $x = e^y$, また, $u = \log z$ とおくと $z = e^u$ であり, $z \to x$ のとき $u \to y$ となるから

$$(\log x)' = \lim_{u \to y} \frac{u - y}{e^u - e^y} = \lim_{u \to y} \frac{1}{\dfrac{e^u - e^y}{u - y}} \tag{3}$$

$(e^y)' = \lim\limits_{u \to y} \dfrac{e^u - e^y}{u - y} = e^y$ だから, (3) より

$$(\log x)' = \frac{1}{e^y} = \frac{1}{x}$$

したがって, 次の公式が得られる.

● $\log x$ の導関数

$$(\log x)' = \frac{1}{x}$$

例 12 $y = \log(2x + 1)$

20 ページ例題 10 の公式を用いると

$$\{\log(2x + 1)\}' = 2 \cdot \frac{1}{2x + 1} = \frac{2}{2x + 1}$$

問・22 次の関数を微分せよ.

(1) $y = x \log x$　　(2) $y = \log(3x - 2)$　　(3) $y = \log(-x)$

指数関数 $y = a^x$ $(a > 0,\ a \neq 1)$ について, 両辺の自然対数をとると

$$\log y = \log a^x = x \log a \quad \text{すなわち} \quad y = e^{x \log a}$$

したがって, $a^x = e^{x \log a}$ が成り立つ.

$\log a$ は定数だから，20 ページ例題 10 の公式より

$$(a^x)' = (e^{x\log a})' = (\log a)e^{x\log a} = (\log a)a^x = a^x \log a$$

$$(e^{x\log a})' = \boxed{\log a} \cdot e^{x\boxed{\log a}} = a^x \log a$$

これから，次の公式が得られる．

$$\boldsymbol{a > 0,\ a \neq 1\ のとき \qquad (a^x)' = a^x \log a} \tag{4}$$

例 13 $(2^x)' = 2^x \log 2$

問・23 次の関数の導関数を求めよ．

(1) $y = 5^x$ (2) $y = \left(\dfrac{1}{3}\right)^x$

対数関数 $y = \log_a x$ の導関数は，底を e に変換して求められる．

$$(\log_a x)' = \left(\frac{\log x}{\log a}\right)' = \frac{1}{\log a}(\log x)' = \frac{1}{x\log a}$$

すなわち，次の公式が得られる．

$$\boldsymbol{a > 0,\ a \neq 1\ のとき \qquad (\log_a x)' = \frac{1}{x\log a}}$$

例 14 $(\log_{10} x)' = \dfrac{1}{x\log 10}$

問・24 次の関数の導関数を求めよ．

(1) $y = \log_2 x$ (2) $y = \log_3(2x+1)$

対数関数 $y = \log x$ は $x > 0$ で定義された関数であるが，関数

$$y = \log|x| \tag{5}$$

は $x \neq 0$ で定義される偶関数であり，そのグラフは y 軸に関して対称である．

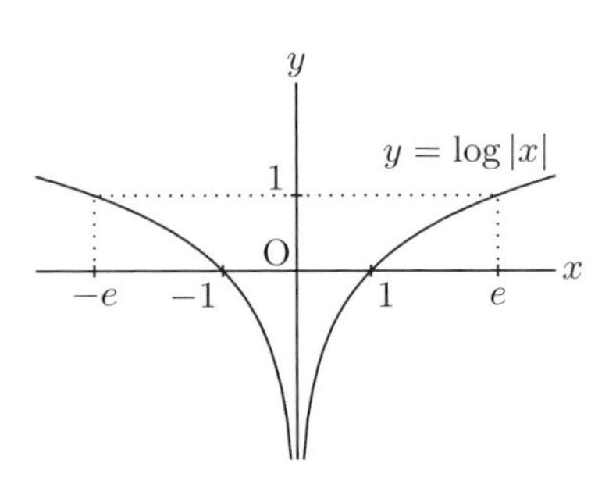

関数 (5) の導関数を求めよう．

$x > 0$ のとき，$|x| = x$ だから

$$(\log|x|)' = (\log x)' = \frac{1}{x}$$

$x < 0$ のとき，$|x| = -x$ だから

$$(\log|x|)' = \{\log(-x)\}' = (-1)\frac{1}{-x} = \frac{1}{x}$$

$$\{\log(-x)\}' = (-1) \cdot \frac{1}{-x}$$

したがって，x の正負に関係なく次の公式が成り立つ．

$$\boldsymbol{(\log|x|)' = \frac{1}{x}} \qquad (6)$$

例 15　$y = \log|3x - 2|$

20 ページ例題 10 の公式を用いると

$$(\log|3x-2|)' = 3 \cdot \frac{1}{3x-2} = \frac{3}{3x-2}$$

問・25　次の関数を微分せよ．

(1)　$y = \log|2x + 1|$　　　(2)　$y = \log|3 - x|$

1 8　ネピアの数 e の性質

24 ページの (2) について，逆数を考えると

$$\lim_{z \to 0} \frac{z}{e^z - 1} = 1 \qquad (1)$$

$e^z - 1 = t$ とおくと，$e^z = 1 + t$ で，$z = \log(1 + t)$ だから

$$\frac{z}{e^z - 1} = \frac{\log(1+t)}{t} = \log(1+t)^{\frac{1}{t}}$$

また，$z \to 0$ のとき $t \to 0$ となるから，(1) より

$$\lim_{t \to 0} \log(1+t)^{\frac{1}{t}} = \lim_{z \to 0} \frac{z}{e^z - 1} = 1$$

すなわち，次の公式が得られる．

$$\boldsymbol{\lim_{t \to 0}(1+t)^{\frac{1}{t}} = e} \qquad (2)$$

例 16　$\displaystyle\lim_{h \to 0}(1+2h)^{\frac{1}{h}} = \lim_{t \to 0}(1+t)^{\frac{2}{t}} = \lim_{t \to 0}\left\{(1+t)^{\frac{1}{t}}\right\}^2 = e^2$

↑ $2h = t$ とおく

さらに (2) より，次の公式が証明される．

$$\lim_{x \to \infty}\left(1+\frac{1}{x}\right)^x = e \tag{3}$$

それには

$$\frac{1}{x} = t \text{ とおくと } \quad t \to 0 \ \ (x \to \infty)$$

であることを用いればよい．すなわち

$$\lim_{x \to \infty}\left(1+\frac{1}{x}\right)^x = \lim_{t \to 0}(1+t)^{\frac{1}{t}} = e$$

したがって，(3) が得られる．

同様にして，次の公式も証明される．

$$\lim_{x \to -\infty}\left(1+\frac{1}{x}\right)^x = e \tag{4}$$

問・26 次の極限値を求めよ．

(1) $\displaystyle\lim_{h \to 0}(1-2h)^{\frac{1}{h}}$　　(2) $\displaystyle\lim_{x \to \infty}\left(1+\frac{2}{x}\right)^x$

練習問題 1・A

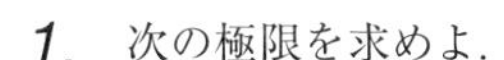

1. 次の極限を求めよ．

(1) $\displaystyle\lim_{x\to 1}(x^2+2x+3)$　　(2) $\displaystyle\lim_{h\to 1}\frac{h-3}{h^2-h-2}$

(3) $\displaystyle\lim_{x\to 2}\frac{x^2+2x-8}{(x-2)(x+1)}$　　(4) $\displaystyle\lim_{h\to 2}\frac{1}{(h-2)^2}$

(5) $\displaystyle\lim_{x\to\infty}\frac{5x^2+3x+1}{5x+x^2}$　　(6) $\displaystyle\lim_{x\to\infty}\left(\sqrt{x^2+3x+1}-x\right)$

2. 次の関数を微分せよ．

(1) $y=x^3+x^2+x+1$　　(2) $y=x\sqrt[3]{x^2}$

(3) $y=(x^2+3)\sqrt{x}$　　(4) $y=\dfrac{3x+4}{x+2}$

(5) $y=(4x+3)^5$　　(6) $y=\sqrt{6x+2}$

3. 次の極限値を求めよ．

(1) $\displaystyle\lim_{x\to 0}\frac{\sin 2x}{3x}$　　(2) $\displaystyle\lim_{x\to 0}\frac{\tan 2x}{\tan x}$

4. 次の関数を微分せよ．

(1) $y=3\cos x+\sin 2x$　　(2) $y=\tan\dfrac{x}{3}$

(3) $y=x\cos 4x$　　(4) $y=x^2e^{2x}$

(5) $y=\dfrac{\log x}{x}$　　(6) $y=2^{3x+4}$

(7) $y=\log|3-2x|$　　(8) $y=\log_3(4x-1)$

5. 半径 r の球の体積 V は r の関数である．$\dfrac{dV}{dr}$ を求めよ．

6. 関数 $f(x)=a\sin x+b\cos x$ が $f(0)=2$，$f'(0)=1$ を満たすとき，定数 a，b の値を求めよ．

練習問題 1・B

1. 次の極限値を求めよ.

(1) $\displaystyle\lim_{x \to \pi} \frac{\sin(x-\pi)}{x-\pi}$　　(2) $\displaystyle\lim_{x \to -\infty} \frac{\sin x}{x}$

(3) $\displaystyle\lim_{x \to 0} \frac{1-\cos x}{x \sin x}$　　(4) $\displaystyle\lim_{x \to 0} \frac{\tan x - \sin x}{x}$

(5) $\displaystyle\lim_{x \to -\infty} (\sqrt{x^2+x}+x)$　　(6) $\displaystyle\lim_{x \to -\infty} \frac{1}{\sqrt{x^2+2x}+x}$

2. a は定数とするとき, 次の問いに答えよ.

(1) 次の極限値が存在するように a の値を定めよ.

$$\lim_{x \to 2} \frac{\sqrt{x+2}-a}{x-2}$$

(2) 求められた a に対して, この極限値を求めよ.

3. 次の関数を微分せよ.

(1) $y = \dfrac{2x-3}{x^2+1}$　　(2) $y = \dfrac{\cos x}{x}$

(3) $y = \dfrac{\sin x}{x^2+1}$　　(4) $y = \dfrac{3^{2x}}{e^x}$

(5) $y = \log(2x+5)^x$　　(6) $y = e^{-3x} \log_2 x^2$

(7) $s = (t^2-1)\sqrt{3t+1}$　　(8) $y = \dfrac{u}{\sqrt{2u+1}}$

(9) $y = \dfrac{1-\sqrt{x}}{1+\sqrt{x}}$　　(10) $y = \dfrac{\sin x - \cos x}{\sin x + \cos x}$

4. a を定数とするとき, 関数 $y = \dfrac{a - \cos x}{x^2-1}$ は次の等式を満たすことを証明せよ.

$$(x^2-1)y' + 2xy = \sin x$$

5. 関数 $f(x)$ が $x=a$ で微分可能のとき, 次の極限値を $f(a)$, $f'(a)$ で表せ.

(1) $\displaystyle\lim_{h \to 0} \frac{f(a+2h)-f(a)}{h}$　　(2) $\displaystyle\lim_{h \to 0} \frac{f(a-h)-f(a)}{h}$

(3) $\displaystyle\lim_{h \to 0} \frac{f(a+h)-f(a-h)}{h}$　　(4) $\displaystyle\lim_{x \to a} \frac{xf(a)-af(x)}{x-a}$

2 いろいろな関数の導関数

2・1 合成関数の導関数

20 ページの例題 10 で扱った関数 $y = f(ax+b)$ は，2 つの関数

$$y = f(u),\ u = ax + b$$

を組み合わせてできる x の関数である．一般に，y が u の関数 $f(u)$ で，u が x の関数 $g(x)$ であるとき，$y = f(u)$ の u に $g(x)$ を代入して得られる x の関数 $y = f\big(g(x)\big)$ を $y = f(u)$ と $u = g(x)$ の**合成関数**という．

例 1　$y = f(u) = e^u$，$u = g(x) = x^2$ のとき　$y = f\big(g(x)\big) = e^{x^2}$

問・1　次の関数はどのような関数の合成関数と考えられるか．

(1)　$y = \log(\sin x)$　　(2)　$y = \dfrac{1}{x^2+1}$

合成関数 $y = f(ax+b)$ の導関数は，例題 10 より $y' = af'(ax+b)$ であった．ここで，$f'(ax+b)$ は $y = f(u)$ の導関数 $f'(u)$ に $u = ax+b$ を代入したものである．また，定数 a は $u = ax+b$ を x について微分して得られる．すなわち，13 ページの (4) の記法を用いれば

$$\frac{dy}{dx} = \frac{du}{dx}\frac{dy}{du} \tag{1}$$

と書くことができる．実は，一般の合成関数についても (1) が成り立つ．このことから，次の合成関数の微分についての公式が得られる．

●合成関数の微分法

$y = f(u)$，$u = g(x)$ がいずれも微分可能な関数であるとき

$$\frac{dy}{dx} = \frac{du}{dx}\frac{dy}{du} = \frac{dy}{du}\frac{du}{dx}$$

例 2　例 1 の関数について

$$\frac{dy}{dx} = \frac{du}{dx}\frac{dy}{du} = 2xe^u = 2xe^{x^2}$$

証明　$y=f\bigl(g(x)\bigr)$ の導関数は

$$\frac{dy}{dx}=\lim_{z\to x}\frac{f\bigl(g(z)\bigr)-f\bigl(g(x)\bigr)}{z-x}$$

$u=g(x),\ w=g(z)$ とおくとき，

$w-u\neq 0$ と仮定すると

$$\frac{dy}{dx}=\lim_{z\to x}\frac{f(w)-f(u)}{z-x}$$

$$=\lim_{z\to x}\frac{f(w)-f(u)}{w-u}\,\frac{w-u}{z-x}$$

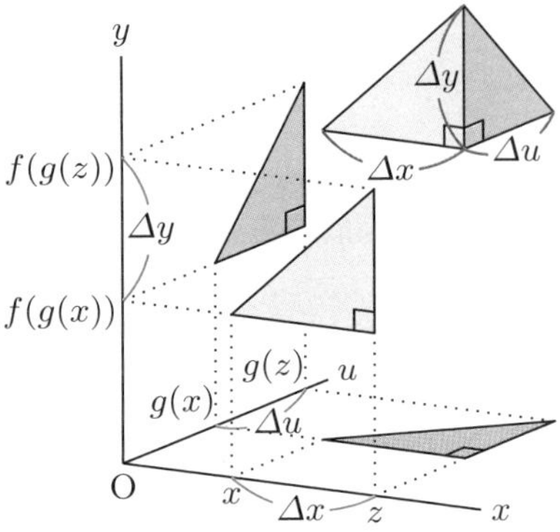

$z\to x$ のとき，$w\to u$ となるから

$$\frac{dy}{dx}=\lim_{w\to u}\frac{f(w)-f(u)}{w-u}\lim_{z\to x}\frac{g(z)-g(x)}{z-x}=\frac{dy}{du}\,\frac{du}{dx}$$ //

●**注**…条件 $w-u\neq 0$ のもとで公式を導いたが，この仮定がなくても証明されることが知られている．また，$\dfrac{dy}{du}$ と $\dfrac{du}{dx}$ の順はどちらでもよい．

例題 1　次の関数を微分せよ．

(1)　$y=(x^2+x+1)^8$　　(2)　$y=e^{-\frac{x^2}{2}}$

解　(1)　$x^2+x+1=u$ とおくと，$y=u^8,\ u=x^2+x+1$ より

$$\frac{dy}{dx}=\frac{dy}{du}\,\frac{du}{dx}=(u^8)'(x^2+x+1)'$$

$$=8u^7(2x+1)=8(x^2+x+1)^7(2x+1)$$

(2)　$-\dfrac{x^2}{2}=u$ とおくと，$y=e^u,\ u=-\dfrac{x^2}{2}$ より

$$\frac{dy}{dx}=\frac{du}{dx}\,\frac{dy}{du}=\left(-\frac{x^2}{2}\right)'(e^u)'=-x\,e^u=-x\,e^{-\frac{x^2}{2}}$$ //

問・2　次の関数を微分せよ．

(1)　$y=(x^2-x+1)^5$　　(2)　$y=e^{\cos x}$

(3)　$y=\log(x^2-1)$　　(4)　$y=\sqrt{x^2+1}$

問・3 $\cos^2 x = (\cos x)^2$ などに注意して，次の関数を微分せよ．

(1) $y = \cos^2 x$ (2) $y = \tan^2 x$

例題 2 次の関数を微分せよ．

(1) $y = \sin^3 2x$ (2) $y = e^{x^2} \sin 3x$

解 (1) $\sin 2x = u$ とおくと，$y = u^3$，$u = \sin 2x$ より

$$\frac{dy}{dx} = \frac{dy}{du}\frac{du}{dx} = 3u^2\frac{du}{dx} = 3\sin^2 2x\frac{du}{dx}$$

さらに，$2x = v$ とおくと，$u = \sin v$，$v = 2x$ より

$$\frac{du}{dx} = \frac{du}{dv}\frac{dv}{dx} = \cos v \times 2 = 2\cos 2x$$

よって

$$\frac{dy}{dx} = 3\sin^2 2x \times 2\cos 2x = 6\sin^2 2x \cos 2x$$

$$y' = 3(\sin 2x)^2 \cdot (\sin 2x)' = 3\sin^2 2x \cdot \cos 2x \cdot 2$$

□ の微分　□ の微分
□^{3} の微分　sin□ の微分

(2) 積の微分公式を用いて

$$y' = \left(e^{x^2}\right)' \sin 3x + e^{x^2}(\sin 3x)'$$

第 1 項では，$x^2 = u$ とおくと $\left(e^{x^2}\right)' = (x^2)'(e^u)' = 2xe^{x^2}$

第 2 項では，$3x = v$ とおくと $(\sin 3x)' = (3x)'(\sin v)' = 3\cos 3x$

$$\therefore \quad y' = 2xe^{x^2} \cdot \sin 3x + e^{x^2} \cdot 3\cos 3x$$

$$= e^{x^2}(2x\sin 3x + 3\cos 3x)$$

//

問・4 次の関数を微分せよ．

(1) $y = \cos^3 2x$ (2) $y = e^{4x}\cos(x^2)$ (3) $y = \{\log(x^3 + 1)\}^5$

2 2 対数関数の性質を用いた微分法

4ページの対数関数の性質を用いて，関数を簡単な形に変形して微分することがある．

例題 3 $y=\log\dfrac{(x-1)^3}{(2x+1)(x+1)^2}\ (x>1)$ を微分せよ．

解 対数関数の性質を用いて，次のように変形してから微分する．

$$y=3\log(x-1)-\log(2x+1)-2\log(x+1)$$

$$y'=\frac{3}{x-1}-\frac{2}{2x+1}-\frac{2}{x+1}=\frac{11x+7}{(x-1)(x+1)(2x+1)}$$ //

問・5 次の関数を微分せよ．

(1) $y=\log\dfrac{(x-1)^2}{(x+1)^2}\quad(x>1)$　(2) $y=\log\left(x^3\sqrt{x^2+1}\right)$

例題 4 $x>0$ のとき，次の公式を証明せよ．

α が実数のとき　$(x^{\alpha})'=\alpha x^{\alpha-1}$

解 $y=x^{\alpha}$ の両辺の自然対数をとると

$$\log y=\log x^{\alpha}=\alpha\log x \qquad (1)$$

(1) の左辺を x について微分すると，合成関数の微分法より

$$\frac{d}{dx}(\log y)=\frac{d}{dy}(\log y)\frac{dy}{dx}=\frac{1}{y}\cdot y'$$

また，(1) の右辺を x について微分すると

$$(\alpha\log x)'=\alpha(\log x)'=\frac{\alpha}{x}$$

すなわち，$\dfrac{1}{y}\cdot y'=\dfrac{\alpha}{x}$ となるから

$$\therefore\ y'=y\cdot\frac{\alpha}{x}=x^{\alpha}\cdot\frac{\alpha}{x}=\alpha x^{\alpha-1}$$ //

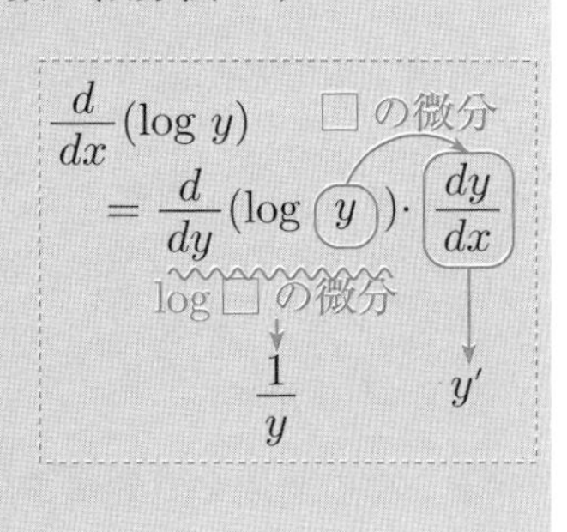

●**注**……両辺の対数をとって微分する方法を**対数微分法**という．

問・6 次の関数を対数微分法で微分せよ．ただし，$x>0$ とする．

(1) $y=x^x$　　　(2) $y=x^{\cos x}$

2 3 逆関数の導関数

関数 $y=f(x)$ の逆関数を $y=g(x)$ とすると

$$f(y)=x \Longleftrightarrow y=g(x) \qquad (1)$$

が成り立つ．この逆関数 $g(x)$ を $\boldsymbol{f^{-1}(x)}$ と書く．$f(x)$ が微分可能であるとき，逆関数 $y=f^{-1}(x)$ の導関数を求めよう．

$$\{f^{-1}(x)\}'=\lim_{z\to x}\frac{f^{-1}(z)-f^{-1}(x)}{z-x}$$

$y=f^{-1}(x)$ より $x=f(y)$，また，$u=f^{-1}(z)$ とおくと $z=f(u)$ であり，$z\to x$ のとき $u\to y$ となるから，$f'(y)\neq 0$ のとき

$$\{f^{-1}(x)\}'=\lim_{u\to y}\frac{u-y}{f(u)-f(y)}=\lim_{u\to y}\frac{1}{\dfrac{f(u)-f(y)}{u-y}}=\frac{1}{f'(y)}$$

したがって，次の公式が得られる．

逆関数の導関数

関数 $f(x)$ が微分可能であるとき，その逆関数 $y=f^{-1}(x)$ について

$$\frac{dy}{dx}=\left\{f^{-1}(x)\right\}'=\frac{1}{f'(y)} \qquad (\text{ただし}\quad f'(y)\neq 0)$$

●注…… $f'(y)=\dfrac{df(y)}{dy}=\dfrac{dx}{dy}$ より，$\boldsymbol{\dfrac{dy}{dx}=\dfrac{1}{\dfrac{dx}{dy}}}$ と書くこともできる．

例 3 関数 $f(x)=x^2\ (x\geqq 0)$ の逆関数は　$f^{-1}(x)=\sqrt{x}$

$x>0$ のとき，逆関数 $y=\sqrt{x}$ の導関数を求めると，$f(y)=y^2$ だから

$$\left(\sqrt{x}\right)'=\{f^{-1}(x)\}'=\frac{1}{f'(y)}=\frac{1}{(y^2)'}=\frac{1}{2y}=\frac{1}{2\sqrt{x}}$$

問・7 関数 $f(x)=x^4\ (x\geqq 0)$ の逆関数が $f^{-1}(x)=\sqrt[4]{x}$ であることを用いて，関数 $y=\sqrt[4]{x}$ を微分せよ．

② 4 逆三角関数とその導関数

角 y は鋭角，すなわち $0 < y < \dfrac{\pi}{2}$ とする．このとき，$0 < x < 1$ である x について

$$\sin y = x$$

となる y がただ1つ定まる．

x に y を対応させる関数を**逆正弦関数（アークサイン）**といい

$$\boldsymbol{y = \sin^{-1} x} \quad \text{または} \quad \boldsymbol{y = \arcsin x}$$

と表す．本書では $y = \sin^{-1} x$ の記法を用いる．

●**注**…… $\operatorname{cosec} x = \dfrac{1}{\sin x}$ とは異なる関数であることに注意する．

定義より，$0 < y < \dfrac{\pi}{2}$ のとき

$$y = \sin^{-1} x \iff \sin y = x \tag{1}$$

したがって，逆正弦関数は正弦関数 $y = \sin x$ の逆関数である．

例 4 $y = \sin^{-1} \dfrac{1}{2} \iff \sin y = \dfrac{1}{2} \quad \left(0 < y < \dfrac{\pi}{2}\right)$

これから $y = \dfrac{\pi}{6}$ となる．よって $\sin^{-1} \dfrac{1}{2} = \dfrac{\pi}{6}$

問・8 次の値を求めよ．

(1) $\sin^{-1} \dfrac{\sqrt{3}}{2}$ (2) $\sin^{-1} \dfrac{1}{\sqrt{2}}$

問・9 図の直角三角形ABCについて，角 A, B を逆正弦関数を用いて表せ．

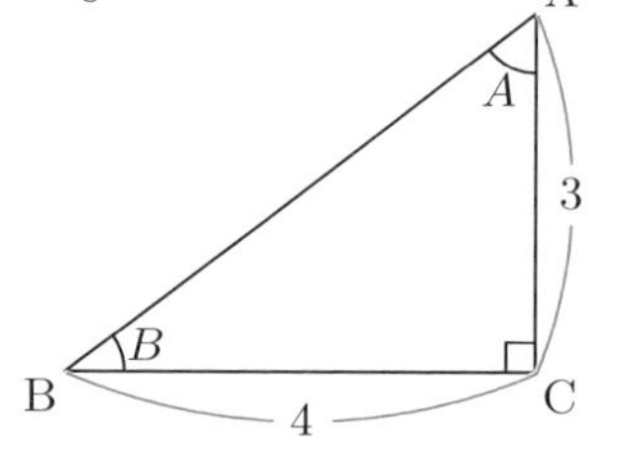

逆余弦関数（アークコサイン），**逆正接関数（アークタンジェント）**についても同様に，$0 < y < \dfrac{\pi}{2}$ のとき

$$y = \cos^{-1} x \iff \cos y = x \tag{2}$$

$$y = \tan^{-1} x \iff \tan y = x \tag{3}$$

で定義される．(1), (2), (3) をまとめて**逆三角関数**という．

問・10 次の値を求めよ．

(1) $\cos^{-1}\dfrac{1}{\sqrt{2}}$　(2) $\cos^{-1}\dfrac{\sqrt{3}}{2}$　(3) $\tan^{-1}\dfrac{1}{\sqrt{3}}$　(4) $\tan^{-1}1$

問・11 図の三角形を用いて，$0 < x < 1$ のとき，次の等式を証明せよ．

$$\cos^{-1}x = \sin^{-1}\sqrt{1-x^2}$$

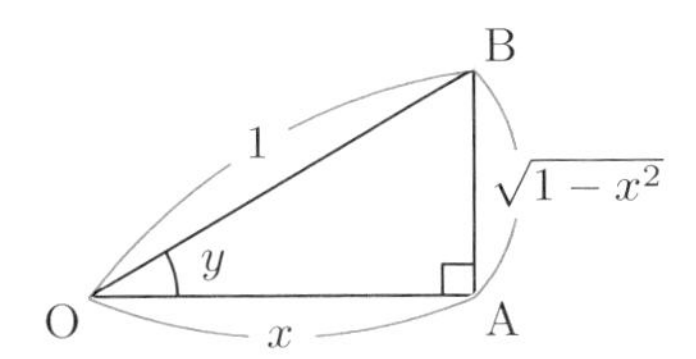

逆正弦関数 $y = \sin^{-1}x$ のグラフは，正弦関数 $y = \sin x$ のグラフと直線 $y = x$ に関して対称である．したがって，定義域が $0 < x < 1$，値域が $0 < y < \dfrac{\pi}{2}$ のときのグラフは，左下の図の黒い実線のうち，第1象限にある部分になる．

さらに，定義域を $-1 \leqq x \leqq 1$ と拡張しよう．この場合は，図からわかるように，値域を $-\dfrac{\pi}{2} \leqq y \leqq \dfrac{\pi}{2}$ とすれば，y の値がただ1つ定まる．

以後，$y = \sin^{-1}x$ の定義域と値域をこのように定める．すなわち

$$y = \sin^{-1}x \iff \sin y = x,\ -\frac{\pi}{2} \leqq y \leqq \frac{\pi}{2} \qquad (4)$$

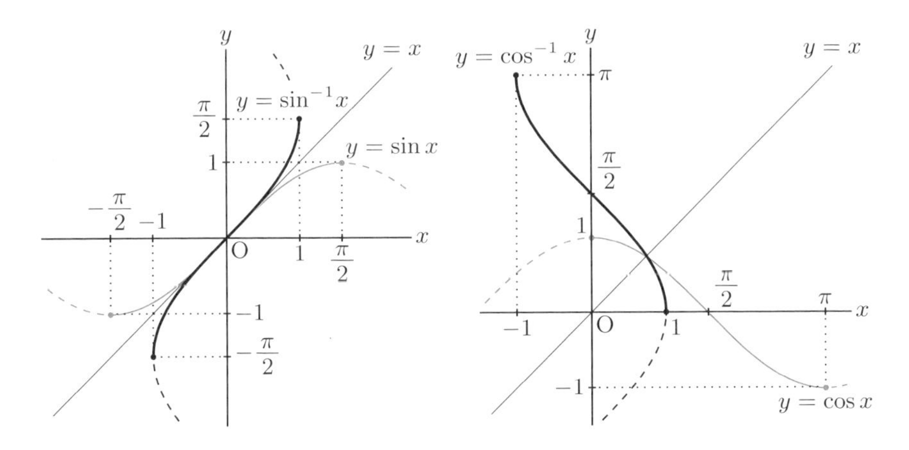

$y = \cos^{-1}x$ の場合も同様に，定義域を $-1 \leqq x \leqq 1$，値域を $0 \leqq y \leqq \pi$ と定めればよい．グラフは，右上の図の黒い実線部分である．

$$y = \cos^{-1}x \iff \cos y = x,\ 0 \leqq y \leqq \pi \qquad (5)$$

問・12　次の値を求めよ．

(1)　$\sin^{-1}\left(-\dfrac{1}{2}\right)$　　(2)　$\cos^{-1}\left(-\dfrac{1}{\sqrt{2}}\right)$　　(3)　$\sin^{-1}0$

関数 $y=\tan^{-1}x$ の値域は $-\dfrac{\pi}{2}<y<\dfrac{\pi}{2}$ と定める．定義域は実数全体であり，グラフは図のようになる．

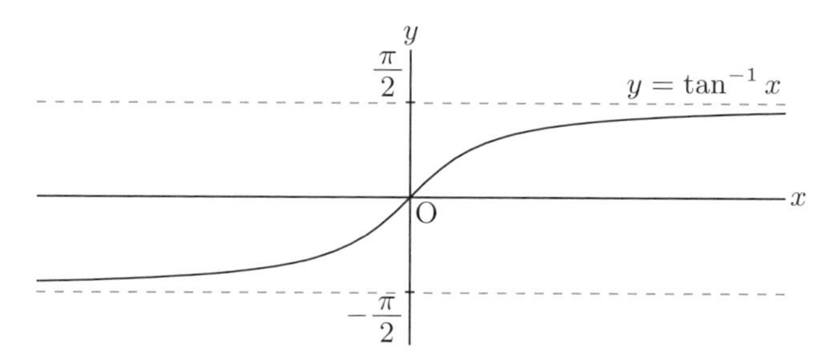

$$y=\tan^{-1}x \iff \tan y=x,\ -\frac{\pi}{2}<y<\frac{\pi}{2} \tag{6}$$

関数 $y=\sin^{-1}x$ の導関数を求めよう．$x=\sin y$ だから，この式の両辺を y について微分して

$$\frac{dx}{dy}=(\sin y)'=\cos y$$

したがって，逆関数の微分法によって計算すると，$\cos y \neq 0$ のとき

$$(\sin^{-1}x)'=\frac{dy}{dx}=\frac{1}{\dfrac{dx}{dy}}=\frac{1}{\cos y} \tag{7}$$

$y=\sin^{-1}x$ の値域は $-\dfrac{\pi}{2}\leqq y\leqq\dfrac{\pi}{2}$ であり，(7) において $\cos y>0$ となるから

$$\cos y=\sqrt{1-\sin^2 y}=\sqrt{1-x^2}$$

これを (7) に代入して

$$(\sin^{-1}x)'=\frac{1}{\sqrt{1-x^2}}\qquad (\text{ただし}\quad x\neq\pm1) \tag{8}$$

同様にして，$y=\cos^{-1}x$ の導関数は次のようになる．

$$(\cos^{-1}x)'=-\frac{1}{\sqrt{1-x^2}}\qquad (\text{ただし}\quad x\neq\pm1) \tag{9}$$

関数 $y=\tan^{-1}x$ についても同様に，$x=\tan y$ だから，この式の両辺を y について微分して，6 ページの相互関係の公式を用いると

$$\frac{dx}{dy}=(\tan y)'=\frac{1}{\cos^2 y}=1+\tan^2 y$$

したがって，逆関数の微分法によって計算すると

$$(\tan^{-1}x)'=\frac{dy}{dx}=\frac{1}{\dfrac{dx}{dy}}=\frac{1}{1+\tan^2 y}=\frac{1}{1+x^2} \qquad (10)$$

(8), (9), (10) から次の公式が得られる．

●逆三角関数の導関数

$$(\sin^{-1}x)'=\frac{1}{\sqrt{1-x^2}}$$

$$(\cos^{-1}x)'=-\frac{1}{\sqrt{1-x^2}}$$

$$(\tan^{-1}x)'=\frac{1}{1+x^2}$$

例題 5 関数 $y=\sin^{-1}\dfrac{x}{a}$ を微分せよ．ただし，$a>0$ とする．

解 $\dfrac{x}{a}=u$ とおくと，$y=\sin^{-1}u$ となるから

$$\frac{dy}{dx}=\frac{dy}{du}\frac{du}{dx}=\frac{1}{\sqrt{1-u^2}}\left(\frac{x}{a}\right)'$$

$$=\frac{1}{\sqrt{1-\left(\dfrac{x}{a}\right)^2}}\cdot\frac{1}{a}=\frac{1}{\sqrt{a^2-x^2}} \qquad //$$

問・13 次の関数を微分せよ．

(1) $y=\cos^{-1}2x$ (2) $y=\sin^{-1}\dfrac{x}{2}$ (3) $y=\tan^{-1}\sqrt{x}$

問・14 $y=\dfrac{1}{a}\tan^{-1}\dfrac{x}{a}$ のとき，$y'=\dfrac{1}{x^2+a^2}$ となることを証明せよ．ただし，$a\neq 0$ とする．

②5 関数の連続

極限値 $\lim_{x\to 0}|x|$ を求めよう．

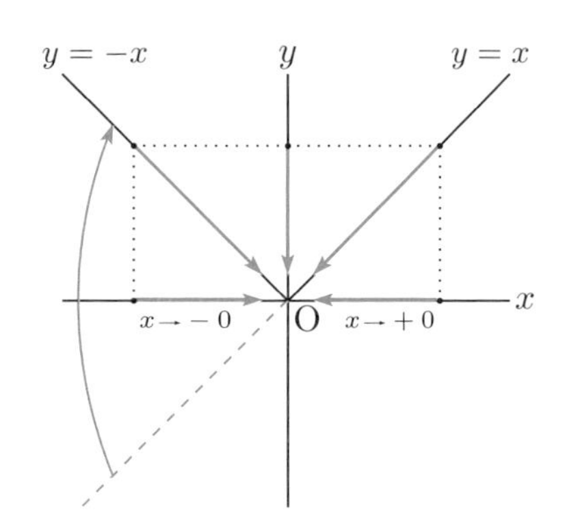

$x > 0$ のとき $|x| = x$，$x < 0$ のとき $|x| = -x$ となるから，まず，x が正の値をとりながら 0 に近づくときと，x が負の値をとりながら 0 に近づくときに分けて計算する．このように，変数 x が a より大きい値をとりながら a に限りなく近づくことを $\boldsymbol{x \to a+0}$ で表し，x が a より小さい値をとりながら a に限りなく近づくことを $\boldsymbol{x \to a-0}$ で表す．特に，$x \to 0+0$，$x \to 0-0$ をそれぞれ $\boldsymbol{x \to +0}$, $\boldsymbol{x \to -0}$ で表すことにする．この記法を用いると

$$\lim_{x\to +0}|x| = \lim_{x\to +0} x = 0 \tag{1}$$

$$\lim_{x\to -0}|x| = \lim_{x\to -0}(-x) = 0 \tag{2}$$

(1) の極限値を**右側極限値**，(2) の極限値を**左側極限値**という．$x \to a+0$ のときの右側極限値と $x \to a-0$ のときの左側極限値が等しいときに限り，$x \to a$ のときの極限値も存在して，その値になる．

この例では (1) と (2) の極限値がともに 0 だから

$$\lim_{x\to 0}|x| = 0 \tag{3}$$

となる．

一般に，関数 $f(x)$ の定義域内の点 a で極限値 $\lim_{x\to a} f(x)$ が存在して

$$\boldsymbol{\lim_{x\to a} f(x) = f(a)} \tag{4}$$

が成り立つとき，$f(x)$ は $x = a$ で**連続**であるという．また，関数 $f(x)$ がある区間のすべての点で連続であるとき，$f(x)$ はその**区間で連続**であるという．

例 5　(3) より，関数 $y=|x|$ は点 0 で連続である．また，0 以外の点でも連続だから，区間 $(-\infty,\ \infty)$ で連続である．

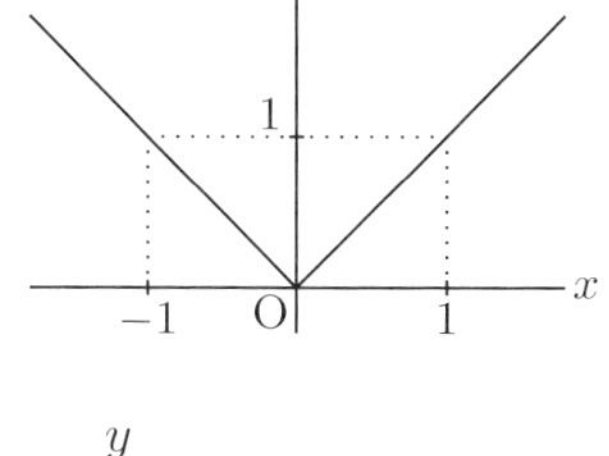

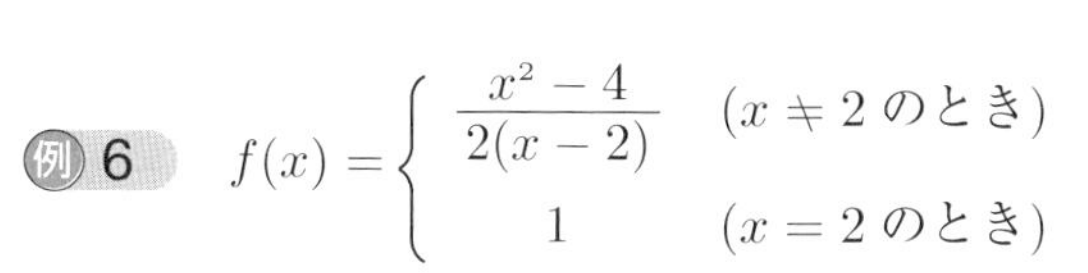

例 6　$f(x)=\begin{cases} \dfrac{x^2-4}{2(x-2)} & (x \neq 2 \text{ のとき}) \\ 1 & (x=2 \text{ のとき}) \end{cases}$

$\displaystyle\lim_{x \to 2} f(x)=2 \neq 1=f(2)$ より，$f(x)$ は $x=2$ で連続でない．2 以外の点では連続である．

例 7　$g(x)=\begin{cases} \dfrac{|\sin x|}{x} & (x \neq 0 \text{ のとき}) \\ 0 & (x=0 \text{ のとき}) \end{cases}$

$$\lim_{x \to +0} g(x)=\lim_{x \to +0} \frac{\sin x}{x}=1$$

$$\lim_{x \to -0} g(x)=\lim_{x \to -0} \frac{-\sin x}{x}=-1$$

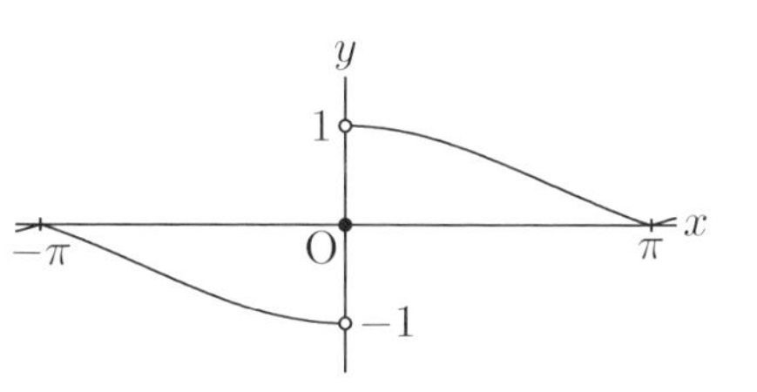

したがって，$\displaystyle\lim_{x \to 0} g(x)$ は存在せず，関数 $g(x)$ は $x=0$ で連続でない．

関数 $f(x)$ は $x=a$ で微分可能とすると，16 ページと同様に

$$\lim_{x \to a}\{f(x)-f(a)\}=\lim_{x \to a}\left\{\frac{f(x)-f(a)}{x-a}\cdot(x-a)\right\}=f'(a)\cdot 0=0$$

したがって

$$\lim_{x \to a} f(x)=f(a)$$

が成り立ち，$f(x)$ は $x=a$ で連続である．すなわち，次のことが成り立つ．

$f(x)$ は $x=a$ で微分可能 $\Longrightarrow$ $f(x)$ は $x=a$ で連続

しかし，逆は必ずしも成り立たない．すなわち，関数 $f(x)$ が $x=a$ で連続であっても，$x=a$ で微分可能であるとは限らない．

例 8　関数 $f(x)=|x|$ は $x=0$ で連続であるが

$$f'(0)=\lim_{x \to 0} \frac{|x|-0}{x-0}=\lim_{x \to 0} \frac{|x|}{x}$$

は存在せず，$x=0$ で微分可能ではない．

閉区間 $[a,\ b]$ で連続である関数 $f(x)$ について考えよう．

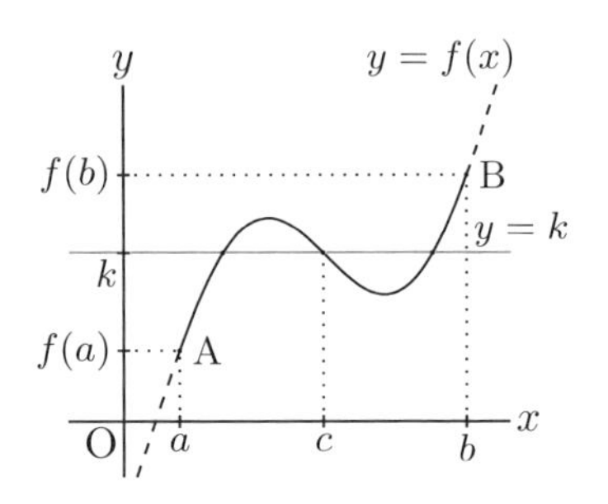

このとき，関数のグラフは図のようになり，両端の点 $\mathrm{A}(a,\ f(a))$ と $\mathrm{B}(b,\ f(b))$ は切れ目なくつながっている．したがって，$f(a)$ と $f(b)$ の間の任意の値 k に対して，x 軸に平行な直線 $y=k$ は，この関数のグラフと少なくとも1つの共有点をもつことがわかる．

一般に，次の**中間値の定理**が成り立つ．

●中間値の定理

関数 $f(x)$ が閉区間 $[a,\ b]$ で連続で，$f(a) \neq f(b)$ のとき，$f(a)$ と $f(b)$ の間にある任意の値 k に対して

$$f(c)=k \quad (a<c<b)$$

を満たす点 c が少なくとも1つ存在する．

特に，$f(x)$ が閉区間 $[a,\ b]$ で連続で，$f(a)$ と $f(b)$ が異符号のとき

$$f(x)=0 \quad (a<x<b)$$

を満たす x，すなわち，方程式 $f(x)=0$ の実数解 $x=c$ が少なくとも1つ存在する．

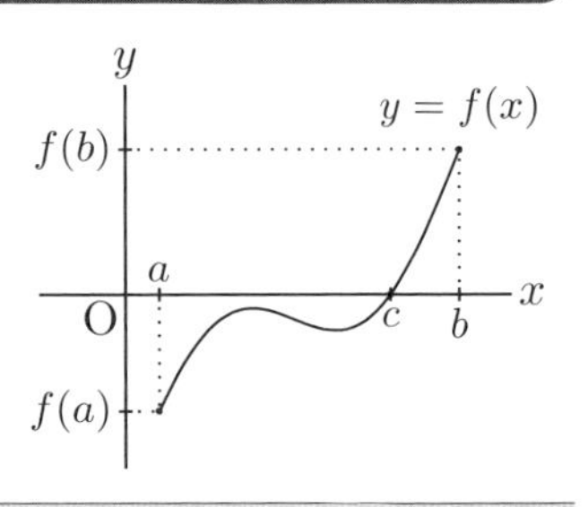

例題 6　次の方程式は，区間 $\left(0,\ \dfrac{\pi}{2}\right)$ に実数解をもつことを証明せよ．

$$\cos x = x$$

解　$f(x)=\cos x - x$ とおくと，$f(x)$ は区間 $\left[0,\ \dfrac{\pi}{2}\right]$ で連続で

$$f(0)=1>0,\quad f\left(\frac{\pi}{2}\right)=-\frac{\pi}{2}<0$$

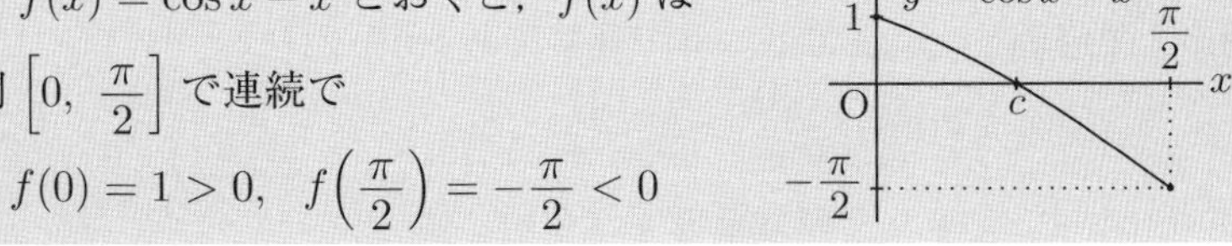

したがって，中間値の定理より

$$f(x)=0 \quad \text{すなわち} \quad \cos x = x$$

の実数解が区間 $\left(0,\ \dfrac{\pi}{2}\right)$ に少なくとも1つ存在する．　//

●注…関数 $f(x)$, $g(x)$ がある区間で連続ならば，$f(x) \pm g(x)$，$f(x)g(x)$ などもその区間で連続である．

問・15 方程式 $x^4-5x+2=0$ は，区間 $(-1,\ 1)$ に少なくとも1つの実数解をもつことを証明せよ．

問・16 方程式 $\sin x = x-1$ は，区間 $(0,\ \pi)$ に少なくとも1つの実数解をもつことを証明せよ．

2次関数 $f(x)=x^2-2x$ のグラフは点 $(1,\ -1)$ を頂点とする放物線である．定義域を閉区間 $[0,\ 3]$ とすると，最大値は $f(3)=3$ であり，最小値は $f(1)=-1$ である．

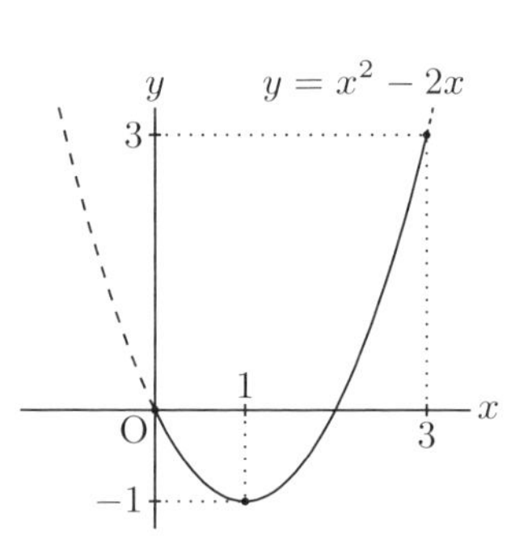

このように，閉区間で連続な関数は，この区間で必ず最大値と最小値をもつことが知られている．すなわち，次のことが成り立つ．

●連続関数の最大値と最小値

閉区間 $[a,\ b]$ で連続な関数 $f(x)$ は，この区間で必ず最大値と最小値をもつ．すなわち，区間 $[a,\ b]$ 内の任意の x について

$$f(c_1) \leqq f(x) \leqq f(c_2)$$

を満たすような c_1 および c_2 が区間 $[a,\ b]$ に必ず存在する．このとき，$f(c_1)$, $f(c_2)$ はそれぞれ最小値，最大値となる．

二分法とニュートン法

方程式 $f(x)=0$ の解の近似値を求めることを考えよう．

$f(x)$ が連続である場合，$f(a)$ と $f(b)$ が異符号になるような a と b が見つかれば，次のようにして方程式 $f(x)=0$ の解の近似値を求めることができる．この方法を二分法という．

中間値の定理により，a と b の間に少なくとも1つの解が存在する．$f\left(\dfrac{a+b}{2}\right)$ の値が0でなければ，その符号は，$f(a)$ または $f(b)$ のどちらかと異符号になる．もし，$f(a)$ と異符号になったとすると，中間値の定理により，a と $\dfrac{a+b}{2}$ の間に少なくとも1つの解が存在する．このようにしていくと，解が存在する区間がどんどん小さくなっていき，いくらでも高い精度の近似値を求めることができる．

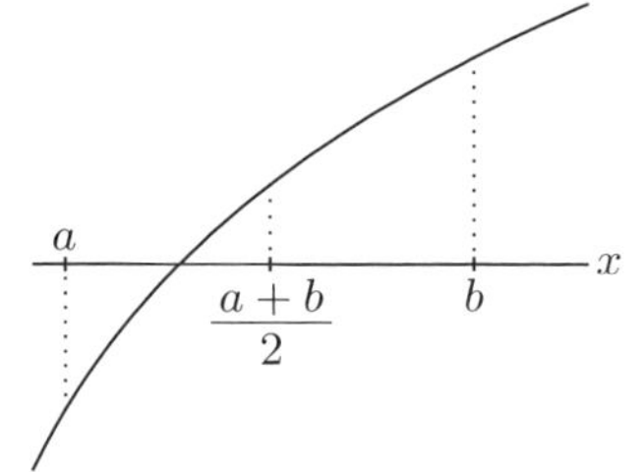

$f(x)$ が微分可能である場合，次のように接線を利用して方程式 $f(x)=0$ の解の近似値を求める方法がある．この方法をニュートン法という．

まず，$y=f(x)$ 上の点 $(x_1,\ f(x_1))$ における接線と x 軸との交点の x 座標 x_2 を求める．次に，$(x_2,\ f(x_2))$ における接線と x 軸との交点の x 座標 x_3 を求める．このような操作を続けていくことで，交点の x 座標は限りなく解に近づく．多くの場合，ニュートン法は二分法よりも少ない計算回数で精度のよい近似値を求めることができるが，接線を利用するため，$f(x)$ は微分可能である必要がある．

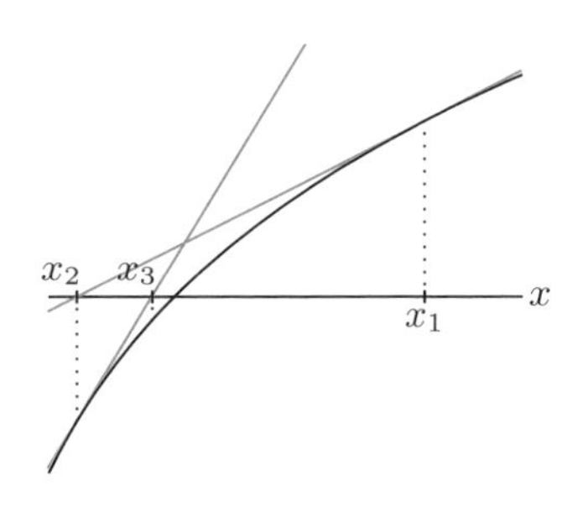

練習問題 2・A

1. 次の関数を微分せよ．

(1) $y = (2x+3)^6$　　(2) $y = \dfrac{1}{(e^x+1)^2}$

(3) $y = \sin^4 \dfrac{x}{2}$　　(4) $y = \sin\sqrt{e^x+1}$

(5) $y = \log|\log x|$

2. 関数 $f(x) = \dfrac{1}{x^2}$ $(x > 0)$ の逆関数が $f^{-1}(x) = \dfrac{1}{\sqrt{x}}$ であることを用いて，関数 $y = \dfrac{1}{\sqrt{x}}$ を微分せよ．

3. 関数 $y = \log \dfrac{(2x-1)^3}{(x+1)(2x+1)^2}$ $\left(x > \dfrac{1}{2}\right)$ を微分せよ．

4. 関数 $y = (\sin x)^x$ $(0 < x < \pi)$ を対数微分法で微分せよ．

5. 次の値を求めよ．

(1) $\sin\left(\sin^{-1}\dfrac{1}{\sqrt{2}}\right)$　　(2) $\sin^{-1}\left(\sin\dfrac{5\pi}{6}\right)$

6. 次の関数を微分せよ．

(1) $y = \tan^{-1}(\sin x)$　　(2) $y = \sin^{-1}(\cos x) + x$　$(0 < x < \pi)$

7. $f(x)$ は区間 $[0,\ 1]$ で連続な関数で，$f(0) > 0$, $f(1) < 1$ であるとき，方程式 $f(x) = x$ は区間 $(0,\ 1)$ に少なくとも 1 つの実数解をもつことを証明せよ．

8. 次の式で定義される関数，$\sinh x$（ハイパボリックサイン），$\cosh x$（ハイパボリックコサイン），$\tanh x$（ハイパボリックタンジェント）を**双曲線関数**という．

$$\sinh x = \frac{e^x - e^{-x}}{2},\quad \cosh x = \frac{e^x + e^{-x}}{2},\quad \tanh x = \frac{\sinh x}{\cosh x} = \frac{e^x - e^{-x}}{e^x + e^{-x}}$$

このとき，次の式を証明せよ．

(1) $\cosh^2 x - \sinh^2 x = 1$　　(2) $(\sinh x)' = \cosh x$

(3) $(\cosh x)' = \sinh x$　　(4) $(\tanh x)' = \dfrac{1}{\cosh^2 x}$

練習問題 2・B

1. 次の関数を微分せよ．

(1) $y=\cos^{-1}\dfrac{1}{x}\ (x>1)$　　(2) $y=\tan^{-1}\dfrac{1}{x+3}$

(3) $y=\dfrac{1}{\cos^3 x}$　　(4) $y=\dfrac{1}{\tan^2 x}$

(5) $y=x\sqrt[3]{3x-4}$　　(6) $y=\dfrac{1}{\cos^2(1+2x)}$

2. 対数微分法を用いて，次の関数を微分せよ．

(1) $y=x^{\log x}\ (x>0)$　　(2) $y=(\log x)^x\ (x>1)$

(3) $y=\dfrac{(x+3)^2(x-2)^3}{(x+1)^4}\ (x>2)$　　(4) $y=\sqrt[3]{\dfrac{x^2+1}{(x+1)^2}}\ (x>-1)$

3. 関数 $f(x)$ が微分可能であるとき，$f(x)$ が偶関数ならば $f'(x)$ は奇関数であり，$f(x)$ が奇関数ならば $f'(x)$ は偶関数であることを証明せよ．

4. 次の関数 $f(x)$ について，$x=0$ で連続であるかどうかを調べよ．

$$f(x)=\begin{cases}\dfrac{\sqrt{2x+1}-1}{x} & (x\neq 0\ のとき)\\ 1 & (x=0\ のとき)\end{cases}$$

5. 次の関数 $f(x)$ について，以下の問いに答えよ．

$$f(x)=\begin{cases}x^2\sin\dfrac{1}{x} & (x\neq 0\ のとき)\\ 0 & (x=0\ のとき)\end{cases}$$

(1) $f'(0)$ を求めよ．

(2) $f'(x)$ は $x=0$ で連続であるかどうかを調べよ．

2章 微分の応用

円に内接する台形（長方形，正方形を含む）の面積 S を最大にする．

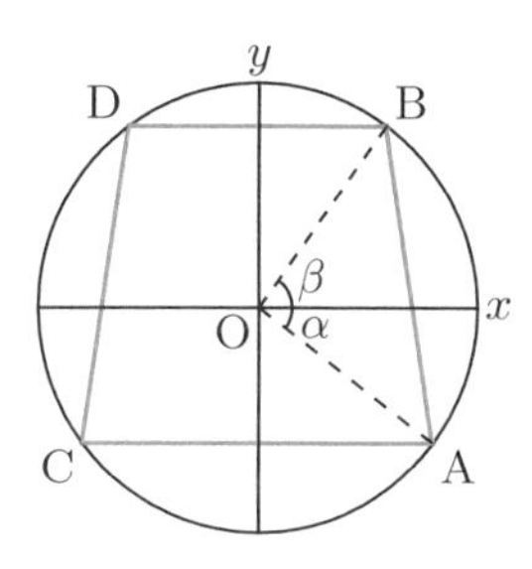

円の半径 $r=1$

$\angle x\mathrm{OA}=\alpha \quad \left(0<\alpha<\frac{\pi}{2}\right)$

$\angle x\mathrm{OB}=\beta \quad \left(0<\beta<\frac{\pi}{2}\right)$

$S=(\cos\alpha+\cos\beta)(\sin\alpha+\sin\beta)$

1. α を固定して β だけを変化させる．
   $\dfrac{dS}{d\beta}=\cos(\alpha+\beta)+\cos 2\beta=2\cos\dfrac{\alpha+3\beta}{2}\cos\dfrac{\alpha-\beta}{2}$
   $\dfrac{dS}{d\beta}=0$ とおいて，最大になる条件 $\alpha+3\beta=\pi$ が得られる．

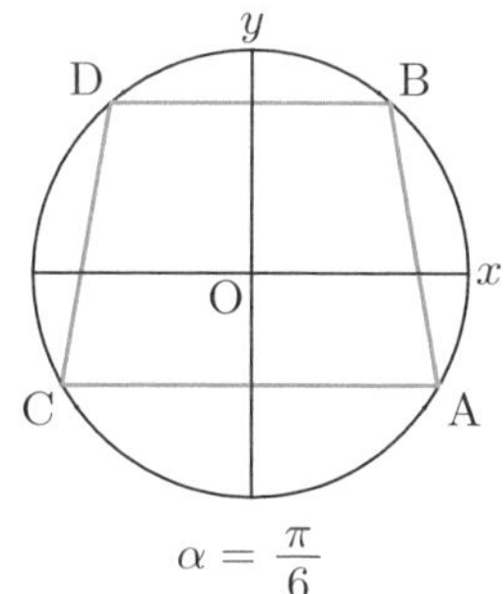

$\alpha=\frac{\pi}{6}$

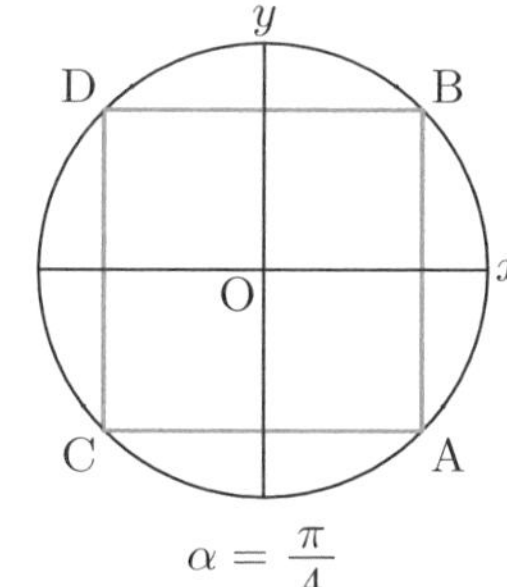

$\alpha=\frac{\pi}{4}$

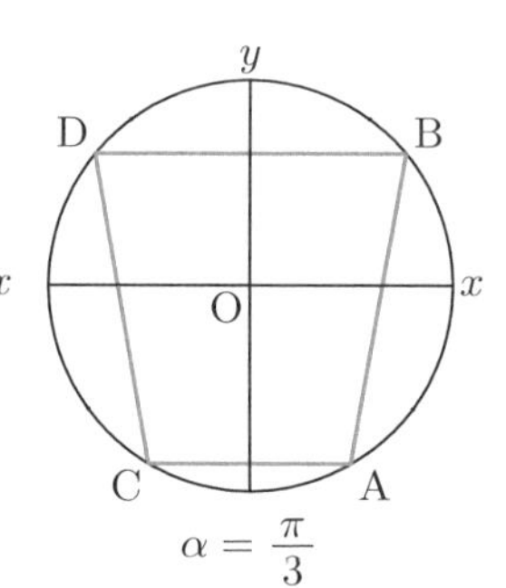

$\alpha=\frac{\pi}{3}$

2. S に $\beta=\dfrac{\pi-\alpha}{3}$ を代入した式を α で微分して 0 とおくことにより，
   $\alpha=\dfrac{\pi}{4}$ が得られるから，面積が最大になるのは正方形の場合である．

●この章を学ぶために

関数 $y=f(x)$ が微分可能のとき，$y'>0$ であれば y は増加しており，$y'<0$ であれば y は減少している．このことを用いれば，関数の増減を調べてグラフをかくことができる．増減表は，x の値，y' の符号，y の増減を並べて，増減のようすを見やすくした表である．また，点 a で y が最大値または最小値をとるときは，$f'(a)=0$ である．すなわち，最大値または最小値をとる点を求めるには，$y'=0$ となる点を求めて調べればよい．

1 関数の変動

1 1 接線と法線

関数 $y=f(x)$ の $x=a$ における微分係数 $f'(a)$ は，曲線 $y=f(x)$ 上の点 $\big(a,\ f(a)\big)$ における接線の傾きに等しい．

したがって，接線の方程式について，次の公式が成り立つ．

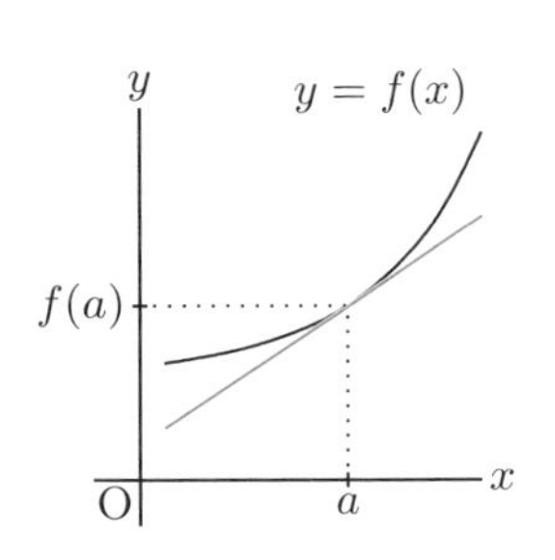

●接線の方程式

曲線 $y=f(x)$ 上の点 $\big(a,\ f(a)\big)$ における接線の方程式は

$$y-f(a)=f'(a)(x-a)$$

例題 1　曲線 $y=2\sqrt{x}$ 上の $x=1$ に対応する点における接線の方程式を求めよ．

解　$f(x)=2\sqrt{x}$ とおくと　$f(1)=2\sqrt{1}=2$

また，$f'(x)=\dfrac{1}{\sqrt{x}}$ より

$$f'(1)=\frac{1}{\sqrt{1}}=1$$

よって，求める接線の方程式は

$$y-2=1\cdot(x-1)$$

$$\therefore\quad y=x+1 \qquad //$$

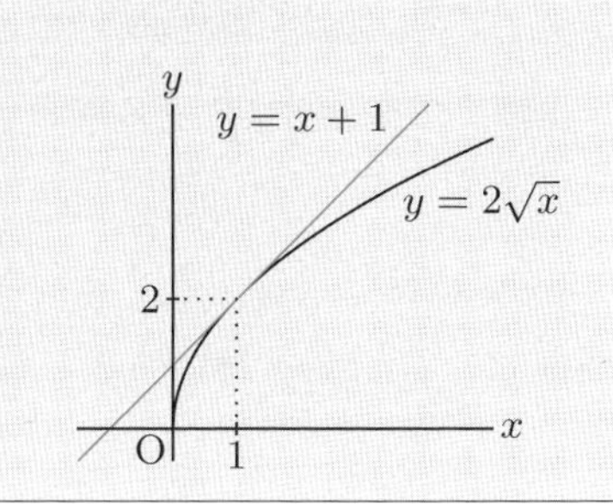

問・1 次の曲線上の（　）内の x の値に対応する点における接線の方程式を求めよ．

(1) $y=x^3 \quad (x=2)$　　(2) $y=\dfrac{1}{x^2} \quad (x=-1)$

(3) $y=\cos x \quad (x=\pi)$　　(4) $y=e^x \quad (x=-2)$

曲線 C 上の1点Pを通り，Pにおける接線に垂直な直線を，点Pにおけるこの曲線の**法線**という．

曲線 $y=f(x)$ 上の点 $\bigl(a,\ f(a)\bigr)$ における接線の傾きは $f'(a)$ だから，$f'(a)\neq 0$ のとき，法線の傾きは $-\dfrac{1}{f'(a)}$ であり，次の公式が得られる．

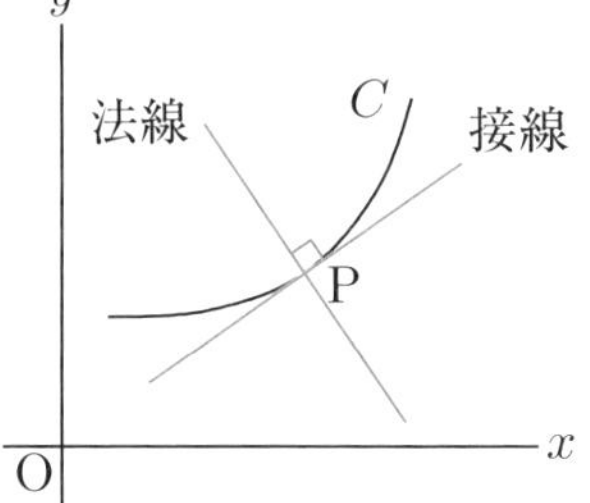

●法線の方程式

曲線 $y=f(x)$ 上の点 $\bigl(a,\ f(a)\bigr)$ における法線の方程式は

$f'(a)\neq 0$ のとき　$y-f(a)=-\dfrac{1}{f'(a)}(x-a)$

$f'(a)=0$ のとき　$x=a$

問・2 次の曲線上の（　）内の x の値に対応する点における法線の方程式を求めよ．

(1) $y=x^2+3x \quad (x=1)$　　(2) $y=\sin x \quad \left(x=\dfrac{\pi}{2}\right)$

1 2 関数の増減

区間 I で微分可能である関数 $f(x)$ の増減とその導関数 $f'(x)$ の関係を調べよう．

I の内部の1点を c とするとき，微分係数 $f'(c)$ は点 $\big(c,\ f(c)\big)$ における曲線 $y=f(x)$ の接線の傾きである．

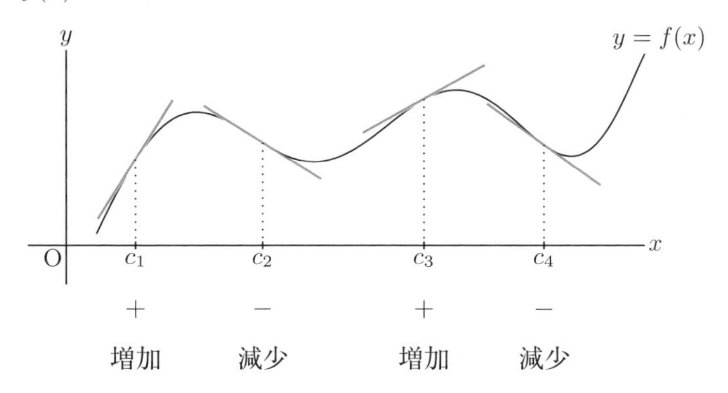

上の図は，関数 $y=f(x)$ について，$x=c_1$，c_2，c_3，c_4 における微分係数の符号と関数の増減の関係を表したものである．

これから

$f'(c)>0$ ならば，$f(x)$ は点 c の近くで増加している状態にある

$f'(c)<0$ ならば，$f(x)$ は点 c の近くで減少している状態にある

ことがわかる．

一般に，区間における関数の増減と導関数の符号について，次の性質が成り立つ．

関数の増減

関数 $f(x)$ が開区間 $I=(a,\ b)$ で微分可能であるとき

（I）　I で $f'(x)>0$ ならば，$f(x)$ は I で単調に増加する．

（II）　I で $f'(x)<0$ ならば，$f(x)$ は I で単調に減少する．

証明は75ページで述べることにする．

例 1 関数 $f(x)=x^3+x$ の導関数は $f'(x)=3x^2+1$

すべての実数 x について $f'(x)>0$ が成り立つから，$f(x)$ は実数全体の区間 $(-\infty,\ \infty)$ で単調に増加する．

● **注**…… $f(x)$ が区間 I で単調に増加する場合でも，I のすべての x について $f'(x)>0$ とは限らない．例えば，$f(x)=x^3$ は，区間 $(-\infty,\ \infty)$ で単調に増加するが，$f'(x)=3x^2$ より，$f'(0)=0$ である．

問・3 次の関数について，与えられた区間 I における増加・減少を調べよ．

(1) $f(x)=-x^5-2x$ $\qquad I=(-\infty,\ \infty)$

(2) $f(x)=x-\sin x$ $\qquad I=(0,\ 2\pi)$

例題 2 関数 $y=x^3-3x^2+4$ の増加・減少を調べよ．

解 $y'=3x^2-6x=3x(x-2)$

$y'=0$ となる x を求めると

$x=0,\ 2$

y' の符号と y の増加・減少は表のようになる．これから

x	$\cdots$	0	$\cdots$	2	$\cdots$
y'	$+$	0	$-$	0	$+$
y	↗	4	↘	0	↗

$x<0,\ x>2$ のとき　増加

$0<x<2$ のとき　減少 //

● **注**……例題 2 の解にあるような表を関数の**増減表**という．この表で，記号 ↗，↘ は，それぞれ関数の増加，減少を表す．

問・4 次の関数の増加・減少を調べよ．

(1) $y=2x^2+8x+5$

(2) $y=2x^3-3x^2-12x+7$

(3) $y=x^4-2x^2+3$

1 3 極大と極小

関数 $f(x)$ について，a の近くの任意の z $(z \neq a)$ に対して

$$f(a) > f(z)$$

が成り立つとき，$f(x)$ は $x = a$ で**極大**になるといい，$f(a)$ を**極大値**という．同様に a の近くで

$$f(a) < f(z)$$

が成り立つとき，$f(x)$ は $x = a$ で**極小**になるといい，$f(a)$ を**極小値**という．極大値と極小値をまとめて**極値**という．

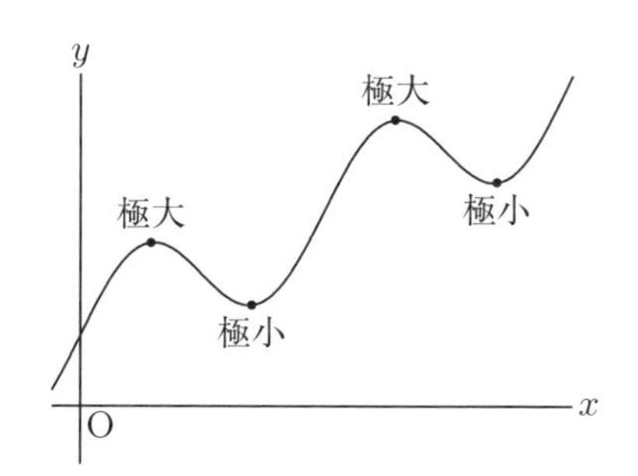

例 2 例題 2 の関数は，$x = 0$ で極大になり，極大値は 4 である．また，$x = 2$ で極小になり，極小値は 0 である．

極値について次のことが成り立つ．

●極値をとるための必要条件

> 関数 $f(x)$ が $x = a$ で微分可能で，そこで極値をとるならば
>
> $$f'(a) = 0$$

証明 $f(x)$ が $x = a$ で極大になる場合を考える．

a の近くの z に対して，$f(a) > f(z)$ すなわち $f(z) - f(a) < 0$ だから

$z < a$ のとき　$\dfrac{f(z) - f(a)}{z - a} > 0$　①

$z > a$ のとき　$\dfrac{f(z) - f(a)}{z - a} < 0$　②

また，$f'(a) = \lim_{z \to a} \dfrac{f(z) - f(a)}{z - a}$ だから

①より　$f'(a) \geqq 0$　かつ　②より　$f'(a) \leqq 0$

よって，$f'(a) = 0$ が成り立つ．極小になる場合も同様に証明される．//

例題 3 次の関数の極値を求めよ．また，そのグラフの概形をかけ．

(1) $y = x^3 - 3x^2 - 9x + 2$　　(2) $y = 3x^4 - 8x^3 + 6x^2$

解 (1) $y' = 3x^2 - 6x - 9 = 3(x+1)(x-3)$

$y' = 0$ を解くと　$x = -1,\ 3$

増減表は下のようになる．

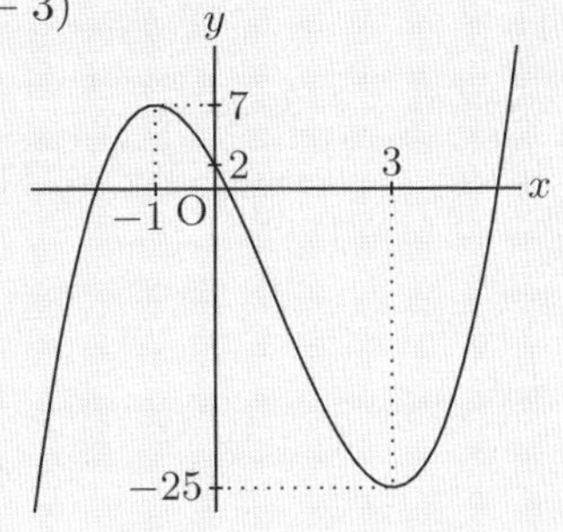

x	$\cdots$	-1	$\cdots$	3	$\cdots$
y'	$+$	0	$-$	0	$+$
y	↗	7	↘	-25	↗

したがって，$x = -1$ のとき極大値 7，$x = 3$ のとき極小値 -25 をとる．

(2) $y' = 12x^3 - 24x^2 + 12x = 12x(x-1)^2$

$y' = 0$ を解くと　$x = 0,\ 1$

増減表は下のようになる．

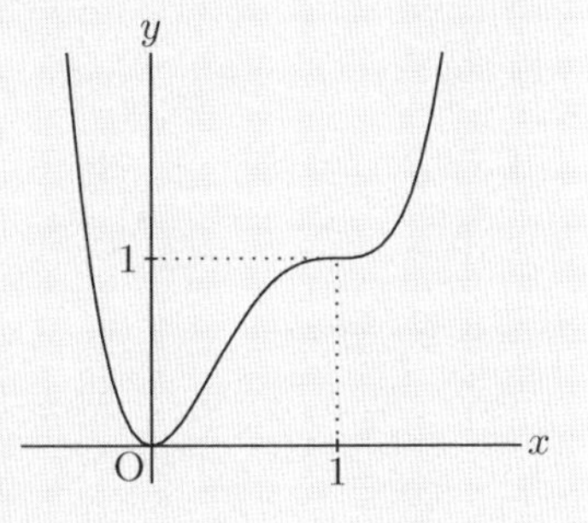

x	$\cdots$	0	$\cdots$	1	$\cdots$
y'	$-$	0	$+$	0	$+$
y	↘	0	↗	1	↗

したがって，$x = 0$ のとき極小値 0 をとる．　//

●注…(2) において，$x = 1$ で $y' = 0$ であるが，極値をとらない．

問・5 次の関数の極値を求めよ．また，そのグラフの概形をかけ．

(1) $y = x^3 - 3x^2 + 1$　　(2) $y = -x^4 + 2x^2$

(3) $y = 3x^4 - 8x^3 + 7$

問・6 関数 $y = x^3 - 12x + a$ の極大値が正，極小値が負となるように，定数 a の値の範囲を定めよ．

1 4 関数の最大・最小

関数の最大値と最小値を求める方法を例題で示そう.

例題 4 次の関数の (　) 内の区間における最大値, 最小値を求めよ.

(1) $y = 2x^3 + 3x^2 - 12x - 20 \qquad (-3 \leqq x \leqq 3)$

(2) $y = e^x - e^{-x} \qquad (-1 \leqq x \leqq 1)$

解 (1) 導関数を求めると

$$y' = 6x^2 + 6x - 12$$
$$= 6(x+2)(x-1)$$

$y' = 0$ を解くと

$$x = -2,\ 1$$

x	-3	$\cdots$	-2	$\cdots$	1	$\cdots$	3
y'		$+$	0	$-$	0	$+$	
y	-11	$\nearrow$	0	$\searrow$	-27	$\nearrow$	25

増減表より, $x = 3$ のとき最大値 25, $x = 1$ のとき最小値 -27 をとる.

(2) 導関数は　$y' = e^x + e^{-x}$

任意の x に対して $e^x > 0$, $e^{-x} > 0$ より $y' > 0$ となるから, y は $-1 < x < 1$ で単調に増加する.

x	-1	$\cdots$	1
y'		$+$	
y	$\dfrac{1}{e} - e$	$\nearrow$	$e - \dfrac{1}{e}$

$\therefore$　$x = 1$ のとき　最大値 $e - \dfrac{1}{e}$

　　$x = -1$ のとき　最小値 $\dfrac{1}{e} - e$　　//

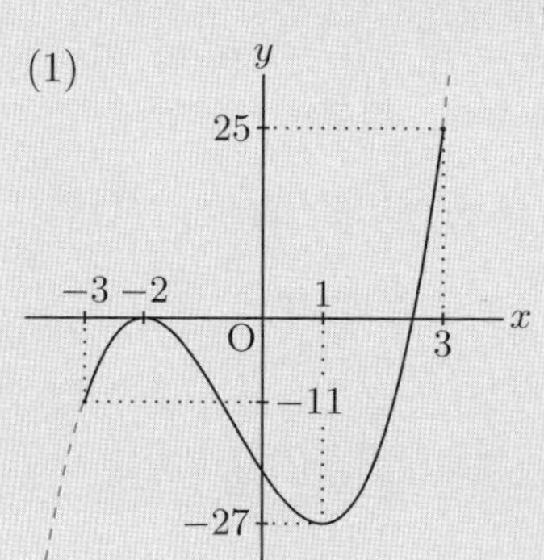

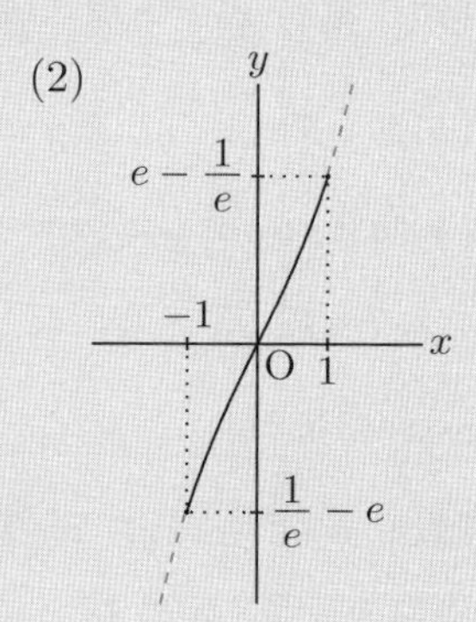

問・7 次の関数の (　) 内の区間における最大値，最小値を求めよ．

(1) $y = x^3 + 3x^2 - 9x + 1$　　$(-1 \leqq x \leqq 2)$

(2) $y = x + 2\cos x$　　$(0 \leqq x \leqq \pi)$

(3) $y = x^2 e^{-x}$　　$(0 \leqq x \leqq 3)$

(4) $y = x - 2\sqrt{x}$　　$(0 \leqq x \leqq 4)$

例題 5 半径 a の円に内接する長方形のうち，面積が最大となるものを求めよ．

解 長方形の 1 辺の長さを x とおくと，x の変域は $0 < x < 2a$ であり，三平方の定理より，もう一方の辺の長さは $\sqrt{4a^2 - x^2}$ である．
したがって，長方形の面積を S とすると

$$S = x\sqrt{4a^2 - x^2} \qquad (0 < x < 2a)$$

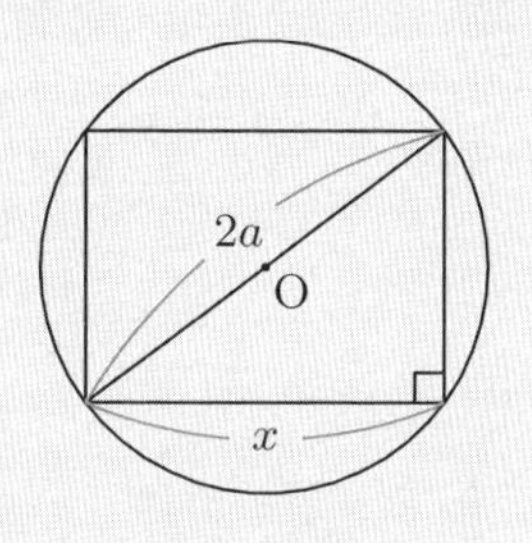

が成り立つ．ここで

$$\left\{\sqrt{4a^2 - x^2}\right\}' = \frac{1}{2}\left(4a^2 - x^2\right)^{-\frac{1}{2}} \cdot (-2x)$$
$$= -\frac{x}{\sqrt{4a^2 - x^2}}$$

より

$$\frac{dS}{dx} = 1 \cdot \sqrt{4a^2 - x^2} + x \cdot \left(-\frac{x}{\sqrt{4a^2 - x^2}}\right) = \frac{-2(x^2 - 2a^2)}{\sqrt{4a^2 - x^2}}$$

$\dfrac{dS}{dx} = 0$ $(0 < x < 2a)$ を解くと

$$x = \sqrt{2}a$$

増減表は右のようになる．
よって，面積 S が最大になるのは 1 辺の長さが $\sqrt{2}a$ の正方形である．

x	0	$\cdots$	$\sqrt{2}a$	$\cdots$	$2a$
$\dfrac{dS}{dx}$		$+$	0	$-$	／
S		↗	$2a^2$	↘	

//

問・8 図のように，AB = AC の二等辺三角形 ABC と 1 辺の長さが 2 の正方形 DEFG がある．点 D, G をそれぞれ辺 AB, AC 上，点 E, F を辺 BC 上にとる．BE の長さを x とするとき，次の問いに答えよ．

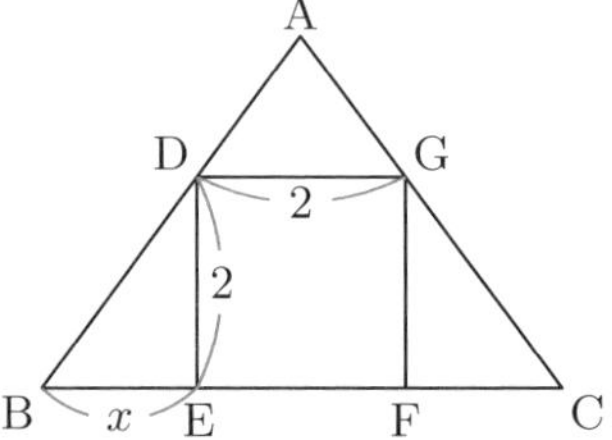

(1) 二等辺三角形 ABC の面積 S を x の式で表せ．また，x の変域を求めよ．

(2) S が最小になるときの x の値を求めよ．

例題 6 $0 \leqq x \leqq 2\pi$ のとき，不等式 $x \geqq \sin x$ が成り立つことを証明せよ．

解 $y = x - \sin x$ とおくと

$$y' = 1 - \cos x$$

$y' = 0$ を解くと

$$x = 0,\ 2\pi$$

増減表は右のようになる．

x	0	$\cdots$	2π
y'	0	+	0
y	0	↗	2π

よって，最小値は，$x = 0$ のとき $y = 0$ となるから

$$y = x - \sin x \geqq 0$$

したがって，$0 \leqq x \leqq 2\pi$ のとき

$$x \geqq \sin x$$

が成り立つ． //

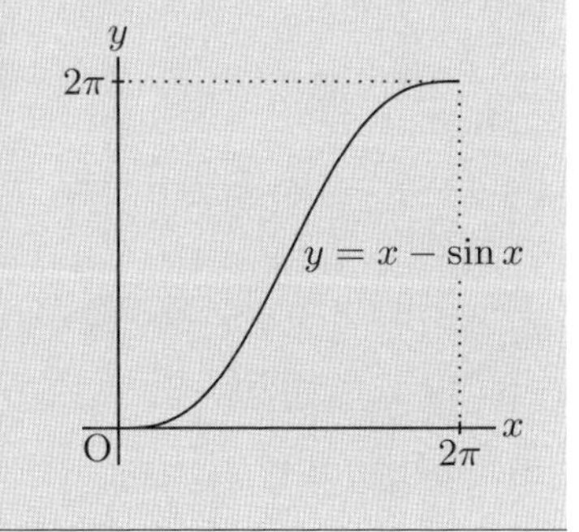

問・9 次の不等式が成り立つことを証明せよ．

(1) すべての実数 x について　$e^x \geqq x + 1$

(2) $x \geqq 0$ のとき　$x \geqq \tan^{-1} x$

1 5 不定形の極限

関数 $f(x)$, $g(x)$ および導関数 $f'(x)$, $g'(x)$ は $x=a$ で連続で

$$f(a) = g(a) = 0 \tag{1}$$

$$g'(a) \neq 0 \tag{2}$$

とする．このとき，導関数を用いて極限値 $\displaystyle\lim_{x\to a}\frac{f(x)}{g(x)}$ を求めよう．

$$\lim_{x\to a}\frac{f(x)}{g(x)} = \lim_{x\to a}\frac{\dfrac{f(x)-f(a)}{x-a}}{\dfrac{g(x)-g(a)}{x-a}} = \frac{\displaystyle\lim_{x\to a}\frac{f(x)-f(a)}{x-a}}{\displaystyle\lim_{x\to a}\frac{g(x)-g(a)}{x-a}} = \frac{f'(a)}{g'(a)}$$

$\displaystyle\lim_{x\to a} f'(x) = f'(a)$, $\displaystyle\lim_{x\to a} g'(x) = g'(a)$ だから

$$\lim_{x\to a}\frac{f(x)}{g(x)} = \lim_{x\to a}\frac{f'(x)}{g'(x)} \tag{3}$$

が成り立つ．

●注…… (1), (2) の条件は，それぞれ次のように表すことができる．

$$\lim_{x\to a} f(x) = \lim_{x\to a} g(x) = 0, \quad \lim_{x\to a} g'(x) \neq 0$$

例題 7 次の極限値を求めよ．

(1) $\displaystyle\lim_{x\to 1}\frac{4x^2+3x-7}{2x^2-5x+3}$ (2) $\displaystyle\lim_{x\to 0}\frac{e^x-e^{-x}}{\sin x}$

解 分母と分子の極限値はどちらも 0 である．

(1) $$\lim_{x\to 1}\frac{4x^2+3x-7}{2x^2-5x+3} = \lim_{x\to 1}\frac{(4x^2+3x-7)'}{(2x^2-5x+3)'} = \lim_{x\to 1}\frac{8x+3}{4x-5} = \frac{11}{-1} = -11$$

(2) $$\lim_{x\to 0}\frac{e^x-e^{-x}}{\sin x} = \lim_{x\to 0}\frac{(e^x-e^{-x})'}{(\sin x)'} = \lim_{x\to 0}\frac{e^x+e^{-x}}{\cos x} = \frac{2}{1} = 2$$ //

問・10 次の極限値を求めよ．

(1) $\displaystyle\lim_{x\to 1}\frac{x^4+2x^2-3}{x^3+3x^2-4}$ (2) $\displaystyle\lim_{x\to 0}\frac{1-e^x}{x}$ (3) $\displaystyle\lim_{x\to 0}\frac{\sin 2x}{\sin 5x}$

次に，極限値

$$\lim_{x \to 0} \frac{e^x - x - 1}{x^2}$$

について考えよう．

$f(x) = e^x - x - 1$, $g(x) = x^2$ とすると

$$\lim_{x \to 0} f(x) = \lim_{x \to 0} g(x) = 0$$

となるから，(1) を満たしている．しかし，$g'(0) = 0$ だから，(2) は成り立たない．実は，このような場合でも (3) を用いることができる．

一般に，次の**ロピタルの定理**が成り立つ．

●ロピタルの定理

関数 $f(x)$, $g(x)$ が $f(a) = g(a) = 0$ を満たし，$x = a$ の近くで微分可能で，$g'(x) \neq 0$ $(x \neq a)$ であるとする．このとき

$$\lim_{x \to a} \frac{f'(x)}{g'(x)} \text{ が存在する} \tag{4}$$

という条件のもとで，次の等式が成り立つ．

$$\lim_{x \to a} \frac{f(x)}{g(x)} = \lim_{x \to a} \frac{f'(x)}{g'(x)} \tag{5}$$

●注…… (2) が満たされない場合でも，(4) が満たされていれば (5) が成り立つという定理である．また，条件 (4) が満たされてさえいれば，(5) を繰り返し用いることができる．証明は 77 ページで述べることにする．

例 3

$$\lim_{x \to 0} \frac{e^x - x - 1}{x^2} = \lim_{x \to 0} \frac{(e^x - x - 1)'}{(x^2)'} = \lim_{x \to 0} \frac{e^x - 1}{2x}$$
$$= \lim_{x \to 0} \frac{(e^x - 1)'}{(2x)'} = \lim_{x \to 0} \frac{e^x}{2} = \frac{1}{2}$$

問・11 次の極限値を求めよ．

(1) $\displaystyle \lim_{x \to 1} \frac{x^3 - 3x + 2}{x^5 - 5x + 4}$　　(2) $\displaystyle \lim_{x \to 0} \frac{x^3}{x - \sin x}$

ここまでは，$\displaystyle\lim_{x\to a}\frac{f(x)}{g(x)}$ において，分母と分子の極限がともに 0 の場合を考えてきた．これを $\dfrac{0}{0}$ の**不定形**という．

ロピタルの定理は，形式的に

$$\lim_{x\to a}\frac{f(x)}{g(x)}=\frac{\infty}{\infty},\quad \lim_{x\to\infty}\frac{f(x)}{g(x)}=\frac{0}{0},\quad \lim_{x\to\infty}\frac{f(x)}{g(x)}=\frac{\infty}{\infty}$$

などの形の不定形にも適用できることが知られている．

例題 8 次の極限値を求めよ．

(1) $\displaystyle\lim_{x\to\infty}\frac{x^2}{e^x}$　　(2) $\displaystyle\lim_{x\to+0}x\log x$

(1) $\dfrac{\infty}{\infty}$ の不定形である．

$$\lim_{x\to\infty}\frac{x^2}{e^x}=\lim_{x\to\infty}\frac{(x^2)'}{(e^x)'}=\lim_{x\to\infty}\frac{2x}{e^x}$$
$$=\lim_{x\to\infty}\frac{(2x)'}{(e^x)'}=\lim_{x\to\infty}\frac{2}{e^x}=0$$

(2) $x\log x=\dfrac{\log x}{\frac{1}{x}}$ と変形する．

$$\lim_{x\to+0}\log x=-\infty,\quad \lim_{x\to+0}\frac{1}{x}=\infty$$

したがって，$\dfrac{-\infty}{\infty}$ の不定形になるから

$$\lim_{x\to+0}\frac{\log x}{\frac{1}{x}}=\lim_{x\to+0}\frac{(\log x)'}{\left(\frac{1}{x}\right)'}=\lim_{x\to+0}\frac{\frac{1}{x}}{-\frac{1}{x^2}}$$
$$=\lim_{x\to+0}(-x)=0$$

//

問・12 次の極限値を求めよ．

(1) $\displaystyle\lim_{x\to\infty}\frac{\log(1+x^2)}{\log(1+x)}$　　(2) $\displaystyle\lim_{x\to+0}\sqrt{x}\log x$

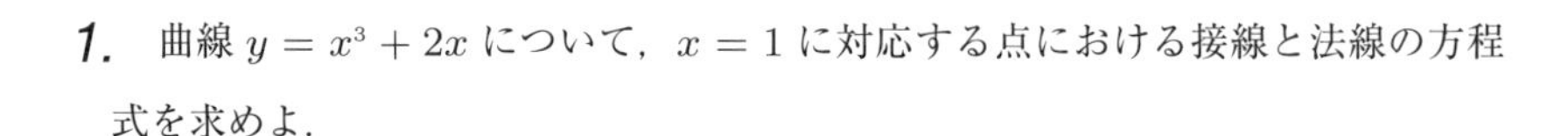

練習問題 1・A

1. 曲線 $y = x^3 + 2x$ について，$x = 1$ に対応する点における接線と法線の方程式を求めよ．

2. 次の関数の極値を求め，グラフの概形をかけ．

(1) $y = 2x^6 - 9x^4 + 10$　　(2) $y = \sin^3 x \quad (0 \leqq x \leqq 2\pi)$

3. 次の関数の（　）内の区間における最大値，最小値を求めよ．

(1) $y = 3x^5 - 5x^3 + 1 \quad (-2 \leqq x \leqq 1)$

(2) $y = x^2 - 8\log x \quad (1 \leqq x \leqq e)$

(3) $y = 2\sin x - \sqrt{3}x \quad (0 \leqq x \leqq 2\pi)$

4. 1 辺の長さが 15 cm の正方形の鉄板がある．この鉄板の 4 すみから同じ大きさの正方形を切り取り，残りでふたのない直方体の容器を作る．次の問いに答えよ．

(1) 切り取る正方形の 1 辺の長さを x cm とし，容器の容積を V cm^3 とするとき，V を x の式で表せ．また x の変域を求めよ．

(2) V が最大になるときの x の値を求めよ．

5. 半径 2 の球に内接する直円柱がある．その高さを x とするとき，次の問いに答えよ．

(1) 直円柱の体積 V を x の式で表せ．

(2) V が最大になるときの x の値を求めよ．

6. $x > -1$ のとき，不等式 $x \geqq \log(x+1)$ が成り立つことを証明せよ．

7. 次の極限値を求めよ．

(1) $\displaystyle\lim_{x \to 0} \frac{\tan 4x}{x^2 + 2x}$　　(2) $\displaystyle\lim_{x \to 1} \frac{1 + \cos \pi x}{(x-1)^2}$

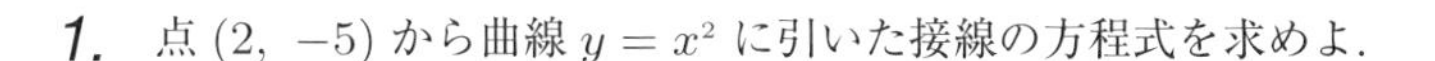

練習問題 1・B

1. 点 $(2,\ -5)$ から曲線 $y=x^2$ に引いた接線の方程式を求めよ.

2. 表面積が 1 の直円柱において, 高さを x, 底面の半径を r とする. この直円柱の体積が最大になるとき, $\dfrac{x}{r}$ の値を求めよ.

3. 関数 $y=x+\dfrac{a}{x}$ (a は正の定数) は極値をもつことを証明せよ. また, 極小値が 8 になるように a の値を定めよ.

4. 次の問いに答えよ.

(1) $y=2x^3+3x^2-12x$ の極値を求めよ.

(2) 方程式 $2x^3+3x^2-12x=k$ の実数解の個数は k の値によってどのように変化するかを調べよ.

5. 曲線 $y=\dfrac{a}{x}$ (a は正の定数, $x>0$) 上の点を $\mathrm{P}\left(t,\ \dfrac{a}{t}\right)$ とおくとき, 次の問いに答えよ.

(1) 点 P における接線の方程式を求めよ.

(2) 点 P における接線が x 軸, y 軸と交わる点を, それぞれ A, B とするとき, 点 A, B の座標を t の式で表せ.

(3) PA＝PB であることを証明せよ.

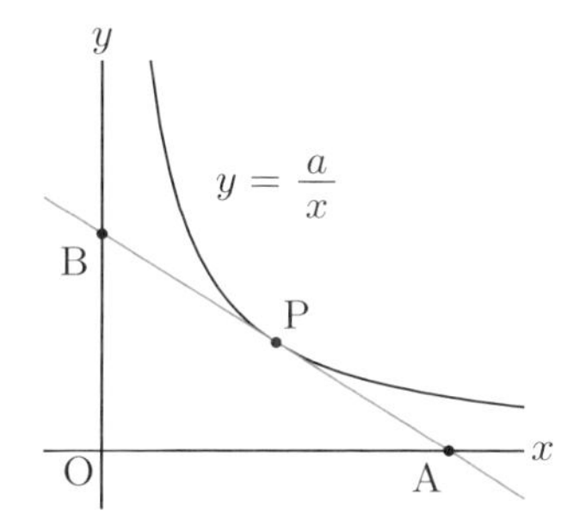

6. 曲線 $y=e^{-2x}$ 上の点 $\mathrm{P}(t,\ e^{-2t})$ $(t>0)$ における接線が x 軸, y 軸と交わる点を, それぞれ A, B とし, 原点を O とするとき, 次の問いに答えよ.

(1) 三角形 OAB の面積 S を t の式で表せ.

(2) S が最大になるときの点 P の座標を求めよ.

2 いろいろな応用

2・1 高次導関数

関数 $y=f(x)$ の導関数 $f'(x)$ が微分可能であるとき，$f'(x)$ の導関数を $f(x)$ の**第 2 次導関数**といい，次のように表す．

$$y'',\quad f''(x),\quad \frac{d^2y}{dx^2},\quad \frac{d^2}{dx^2}f(x)$$

関数 $f(x)$ の第 2 次導関数が存在するとき，$f(x)$ は **2 回微分可能**であるという．

例 1　$y=x^4-2x^3+x^2-5x+1$ のとき

$$y'=4x^3-6x^2+2x-5,\qquad y''=12x^2-12x+2$$

問・1　次の関数の第 2 次導関数を求めよ．

(1)　$y=\sqrt[3]{x^2}\ (x>0)$　(2)　$y=(3x+4)^5$　(3)　$y=xe^x$

n を 3 以上の整数とするとき，次々に導関数を求めることによって，関数 $f(x)$ の**第 n 次導関数**を考えることができる．これを次のように表す．

$$y^{(n)},\quad f^{(n)}(x),\quad \frac{d^ny}{dx^n},\quad \frac{d^n}{dx^n}f(x)$$

ただし，$y^{(3)}$，$f^{(3)}(x)$ はそれぞれ，y'''，$f'''(x)$ と表すことが多い．

関数 $f(x)$ の第 n 次導関数が存在するとき，$f(x)$ は **n 回微分可能**であるという．次数が 2 以上の導関数を**高次導関数**という．

例 2　関数 $y=\dfrac{1}{x}=x^{-1}$ について

$$y'=-x^{-2},\quad y''=2x^{-3},\quad y'''=-3\cdot 2x^{-4},\quad y^{(4)}=4\cdot 3\cdot 2x^{-5}$$

第 n 次導関数は　$y^{(n)}=(-1)^n\, n!\, x^{-n-1}=\dfrac{(-1)^n\, n!}{x^{n+1}}$

問・2　次の関数の第 n 次導関数を求めよ．

(1)　$y=e^{3x}$　　(2)　$y=\dfrac{1}{1-x}$

2つの関数の積について，第 n 次導関数の公式を導こう．

f, g を n 回微分可能な関数とすると，積の微分公式から

$$\begin{aligned}(fg)' &= f'g + fg' \\ (fg)'' &= (f''g + f'g') + (f'g' + fg'') \\ &= f''g + 2f'g' + fg'' \\ (fg)''' &= (f'''g + f''g') + 2(f''g' + f'g'') + (f'g'' + fg''') \\ &= f'''g + 3f''g' + 3f'g'' + fg'''\end{aligned}$$

一般に，次の**ライプニッツの公式**が成り立つ．

●ライプニッツの公式

f, g が n 回微分可能な関数のとき

$$(fg)^{(n)} = f^{(n)}g + {}_n\mathrm{C}_1 f^{(n-1)}g' + {}_n\mathrm{C}_2 f^{(n-2)}g'' + \cdots$$
$$\cdots + {}_n\mathrm{C}_r f^{(n-r)}g^{(r)} + \cdots + fg^{(n)}$$

●**注**…上の公式における $f^{(n-r)}g^{(r)}$ の係数は，$(a+b)^n$ を展開したときの $a^{n-r}b^r$ の係数（二項係数）に等しい．

例 3　$y = x^2 \sin x$ の第 3 次導関数は

$$\begin{aligned}y^{(3)} &= (x^2)^{(3)} \sin x + {}_3\mathrm{C}_1 (x^2)''(\sin x)' + {}_3\mathrm{C}_2 (x^2)'(\sin x)'' + x^2(\sin x)^{(3)} \\ &= 0 + 3 \cdot 2\cos x + 3 \cdot 2x(-\sin x) + x^2(-\cos x) \\ &= 6\cos x - 6x\sin x - x^2\cos x\end{aligned}$$

問・3　$y = x^3 \cos x$ の第 4 次導関数を求めよ．

50 ページの関数の増減において，$f(x)$ を $f'(x)$ で置き換えると

（Ⅰ）I で $f''(x) > 0$ ならば，$f'(x)$ は I で単調に増加する．

（Ⅱ）I で $f''(x) < 0$ ならば，$f'(x)$ は I で単調に減少する．

が成り立つ．このことは，曲線の凹凸を調べるときに用いられる．

2　曲線の凹凸

曲線 $y=f(x)$ 上の点 $\mathrm{P}\big(p,\ f(p)\big)$ における接線を引くとき，点Pの近くで曲線がその接線の下側にあれば，曲線は $x=p$ において**上に凸**であるという．また，点Pの近くで曲線がその接線の上側にあれば，曲線は $x=p$ において**下に凸**であるという．

曲線 $y=f(x)$ が区間 I のすべての点において上に凸（下に凸）であるとき，曲線は**区間 I において上に凸（下に凸）**であるという．

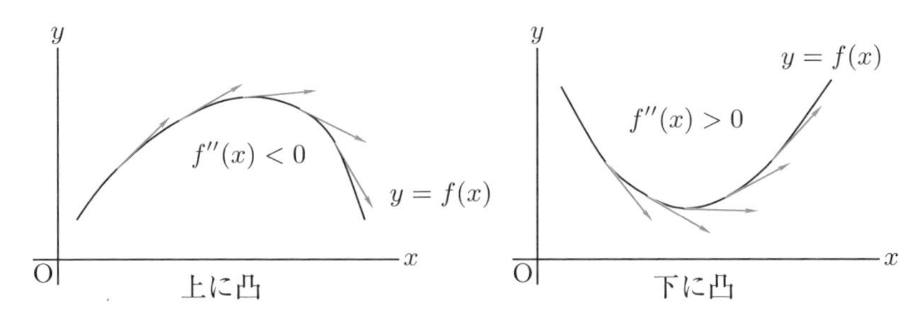

区間 I で $f''(x)>0$ のとき，63ページの(I)より，$f'(x)$ すなわち接線の傾きは増加するから，曲線 $y=f(x)$ は下に凸であることがわかる．
同様に，$f''(x)<0$ のときは，曲線 $y=f(x)$ は上に凸である．

以上より，次のことが成り立つ．

●第2次導関数の符号と凹凸

関数 $f(x)$ が区間 I で2回微分可能であるとき

(I)　I で $f''(x)>0$ ならば，曲線 $y=f(x)$ は I で下に凸である．

(II)　I で $f''(x)<0$ ならば，曲線 $y=f(x)$ は I で上に凸である．

例 4　関数 $y=x^4-2x^3$

$$y''=12x^2-12x=12x(x-1)$$

$x(x-1)>0$ すなわち $x<0,\ x>1$ のとき，曲線は下に凸である．

$x(x-1)<0$ すなわち $0<x<1$ のとき，曲線は上に凸である．

$x<0$ と $x>0$，$x<1$ と $x>1$ では，曲線の凹凸が変わっている．

一般に，$x < a$ と $x > a$ とで曲線 $y = f(x)$ の凹凸が変わる場合，点 $\mathrm{A}\big(a,\ f(a)\big)$ をこの曲線の**変曲点**という．区間 I において，y', y'' がいずれも 0 でないとするとき，50 ページの関数の増減の公式と 64 ページの公式より

(i) $y' > 0$, $y'' > 0$ の場合　関数は増加，グラフは下に凸

(ii) $y' > 0$, $y'' < 0$ の場合　関数は増加，グラフは上に凸

(iii) $y' < 0$, $y'' > 0$ の場合　関数は減少，グラフは下に凸

(iv) $y' < 0$, $y'' < 0$ の場合　関数は減少，グラフは上に凸

に分かれる．増減表では，それぞれを ↗, ↗, ↘, ↘ の記号で表す．

例題 1 関数 $y = x^4 - 8x^3 + 18x^2 - 11$ の増減，極値，グラフの凹凸，変曲点を調べ，グラフの概形をかけ．

解 $y' = 4x^3 - 24x^2 + 36x = 4x(x-3)^2$

$y'' = 12x^2 - 48x + 36 = 12(x-3)(x-1)$

$y' = 0$ を解くと　$x = 0,\ 3$

$y'' = 0$ を解くと　$x = 1,\ 3$

x	$\cdots$	0	$\cdots$	1	$\cdots$	3	$\cdots$
y'	$-$	0	$+$	$+$	$+$	0	$+$
y''	$+$	$+$	$+$	0	$-$	0	$+$
y	↘	-11	↗	0	↗	16	↗

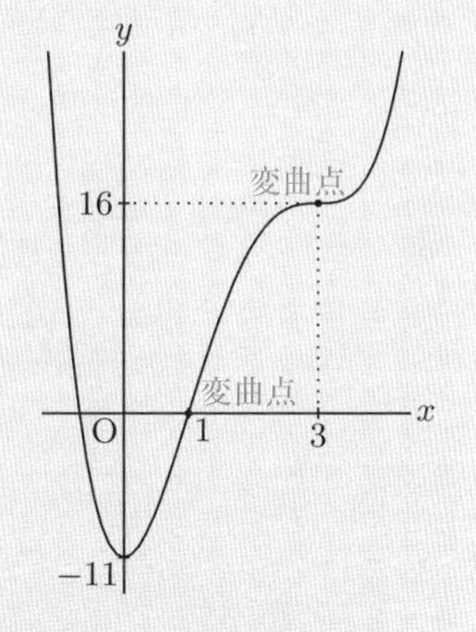

増減表より，$x = 0$ で極小値 -11，変曲点は $(1,\ 0)$, $(3,\ 16)$ である．また，グラフは図のようになる．　//

問・4 次の関数の増減，極値，グラフの凹凸，変曲点を調べ，グラフの概形をかけ．

(1) $y = x^3 - 3x$　　(2) $y = x^4 - 4x^3$

2 3　いろいろな関数のグラフ

$f(x)$ が n 次関数（n は正の整数）の場合は，定義域は特に断らない限りすべての実数で，$x \to \pm\infty$ のときの極限は ∞ か $-\infty$ である．ここでは，そうでない関数のグラフのかき方を例題で示そう．

例題 2　関数 $y = e^{-\frac{x^2}{2}}$ の増減，極値，グラフの凹凸，変曲点を調べ，グラフの概形をかけ．

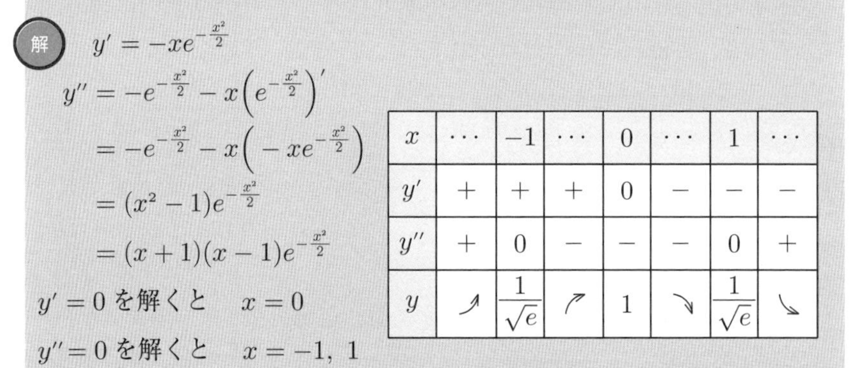

解　$y' = -xe^{-\frac{x^2}{2}}$

$$y'' = -e^{-\frac{x^2}{2}} - x\left(e^{-\frac{x^2}{2}}\right)'$$
$$= -e^{-\frac{x^2}{2}} - x\left(-xe^{-\frac{x^2}{2}}\right)$$
$$= (x^2-1)e^{-\frac{x^2}{2}}$$
$$= (x+1)(x-1)e^{-\frac{x^2}{2}}$$

$y' = 0$ を解くと　$x = 0$

$y'' = 0$ を解くと　$x = -1,\ 1$

x	$\cdots$	-1	$\cdots$	0	$\cdots$	1	$\cdots$
y'	$+$	$+$	$+$	0	$-$	$-$	$-$
y''	$+$	0	$-$	$-$	$-$	0	$+$
y	↗	$\frac{1}{\sqrt{e}}$	↗	1	↘	$\frac{1}{\sqrt{e}}$	↘

増減表より，$x = 0$ のとき極大値 1，変曲点は $\left(\pm 1,\ \frac{1}{\sqrt{e}}\right)$ となる．

$e^{-\frac{(-x)^2}{2}} = e^{-\frac{x^2}{2}}$ だから偶関数であり，グラフは y 軸に関して対称である．

$x \to \pm\infty$ のときの極限を調べると

$$\lim_{x\to\pm\infty} e^{-\frac{x^2}{2}} = \lim_{x\to\pm\infty} \frac{1}{e^{\frac{x^2}{2}}} = 0$$

よって，x 軸が漸近線となり，グラフは図のようになる．

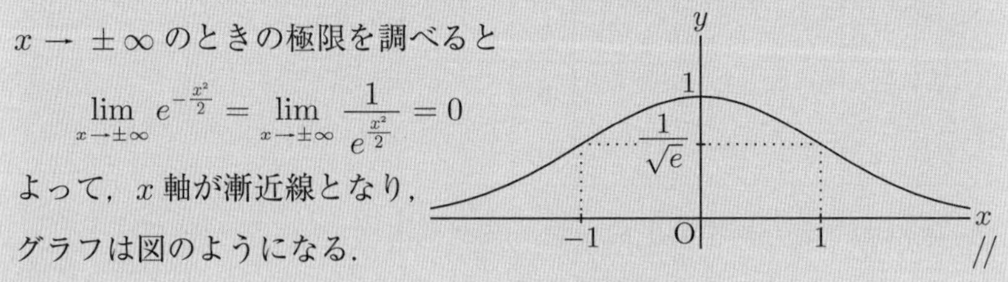

問・5　関数 $f(x) = \dfrac{x}{e^x}$ について，次の問いに答えよ．

(1)　関数 $f(x)$ の増減，極値，グラフの凹凸，変曲点を調べよ．

(2)　$\displaystyle\lim_{x\to\infty} f(x)$ を求め，グラフの概形をかけ．

例題 3 関数 $y=\dfrac{\log x}{x}$ の増減，極値，グラフの凹凸，変曲点を調べ，グラフの概形をかけ．

解 真数条件から定義域は　$x>0$

$$y'=\frac{\frac{1}{x}\cdot x-\log x}{x^2}=\frac{1-\log x}{x^2}$$

$$y''=\frac{-\frac{1}{x}\cdot x^2-(1-\log x)\cdot 2x}{x^4}=\frac{2\log x-3}{x^3}$$

$y'=0$ を解くと　$x=e$

$y''=0$ を解くと　$x=e\sqrt{e}$

増減表より

x	0	$\cdots$	e	$\cdots$	$e\sqrt{e}$	$\cdots$
y'	／	$+$	0	$-$	$-$	$-$
y''	／	$-$	$-$	$-$	0	$+$
y	／	↗	$\dfrac{1}{e}$	↘	$\dfrac{3}{2e\sqrt{e}}$	↘

　$x=e$ のとき　極大値 $\dfrac{1}{e}$

　変曲点は　$\left(e\sqrt{e},\ \dfrac{3}{2e\sqrt{e}}\right)$

$x\to\infty$, $x\to+0$ のときの極限を求めると

ロピタルの定理

$$\lim_{x\to\infty}\frac{\log x}{x}=\lim_{x\to\infty}\frac{(\log x)'}{(x)'}=\lim_{x\to\infty}\frac{\frac{1}{x}}{1}=0,\ \lim_{x\to+0}\frac{\log x}{x}=-\infty$$

よって，グラフは図のようになる．

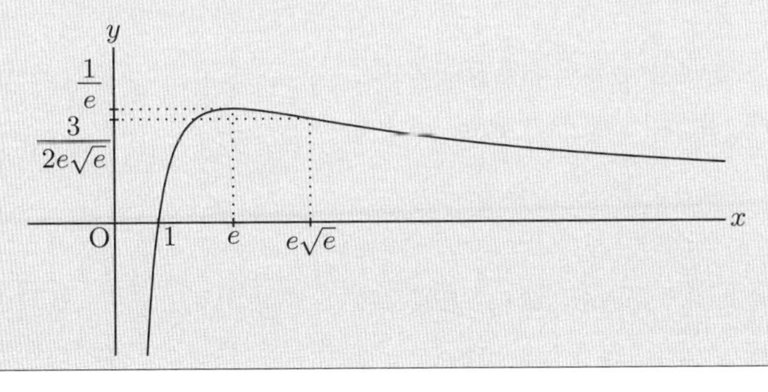

//

問・6 関数 $f(x)=x(\log x)^2$ の増減，極値，グラフの凹凸，変曲点を調べ，グラフの概形をかけ．

2 4　媒介変数表示と微分法

座標平面上の点Pの座標 $(x,\ y)$ が，1つの変数 t の関数として，次のように表されているとする．

$$x = t^3 - 2t^2 + 1, \quad y = t^2 - t \tag{1}$$

t の値が変わると，x, y の値も変わり，点Pは図のような曲線を描く．

t	$\cdots$	-1	-0.5	0	0.5	1	1.5	2	$\cdots$
x	$\cdots$	-2	0.375	1	0.625	0	-0.125	1	$\cdots$
y	$\cdots$	2	0.75	0	-0.25	0	0.75	2	$\cdots$

したがって，(1) はこの曲線を表す方程式と考えられる．

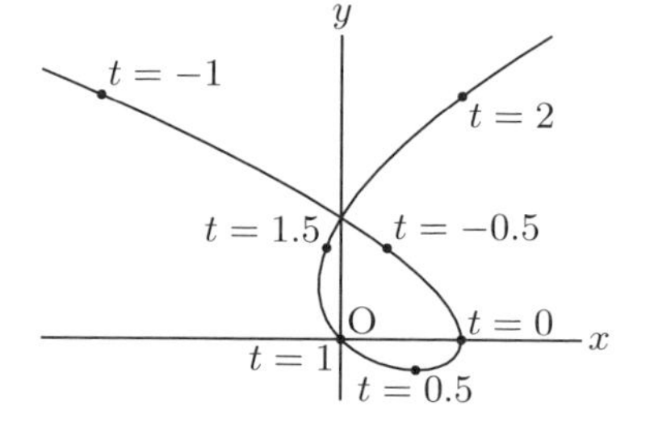

一般に，変数 x, y が1つの変数 t の関数として

$$x = f(t), \quad y = g(t) \tag{2}$$

のように表されているとき，t の値が変わると，x, y の値も変わり，それを座標にもつ点 $\mathrm{P}(x,\ y)$ はある曲線を描く．このとき，(2) をこの曲線の**媒介変数表示**といい，t を**媒介変数**または**パラメータ**という．

例 5　原点を中心とする半径 r の円において，円周上の動点を $\mathrm{P}(x,\ y)$ とすると

$$x = r\cos t, \quad y = r\sin t$$

が成り立つ．これが，原点を中心とする半径 r の円の媒介変数表示で，t が媒介変数である．

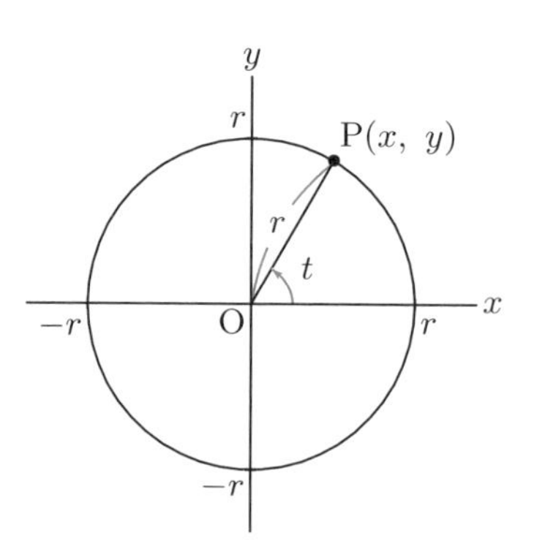

問・7 $x=1-\frac{1}{4}t^2$，$y=\sqrt{t}$ $(0 \leqq t \leqq 4)$ で表される曲線について，表の空欄を埋めて $(x,\ y)$ を求めることにより，その概形をかけ．

t	0	0.5	1	1.5	2	2.5	3	3.5	4
x									
y									

例題 4 点 A$(0,\ a)$ を中心とする半径 a の円がある．この円が x 軸上を正の方向にすべらずに 1 回転するとき，始めに原点にあった点 P の軌跡は，次の媒介変数表示によって与えられることを証明せよ．

$$x=a(t-\sin t),\ y=a(1-\cos t) \qquad (0 \leqq t \leqq 2\pi)$$

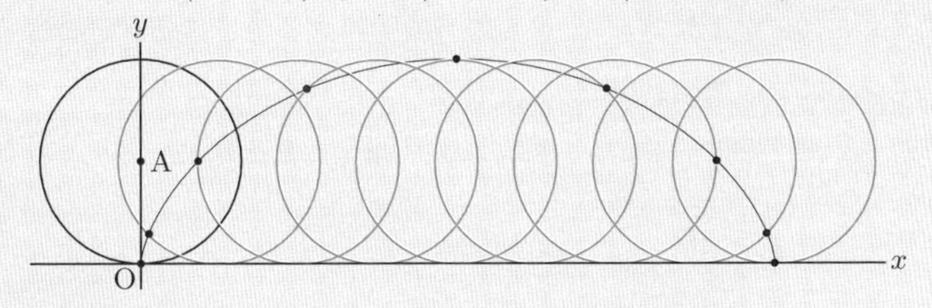

解 $0<t<\frac{\pi}{2}$ のとき

円が最初の位置から t だけ回転して，図のように中心 A′ の円に移動したときの点 P の座標を $(x,\ y)$ とおく．円 A′ と x 軸との接点を Q，P から A′Q に引いた垂線と A′Q との交点を H とすると，

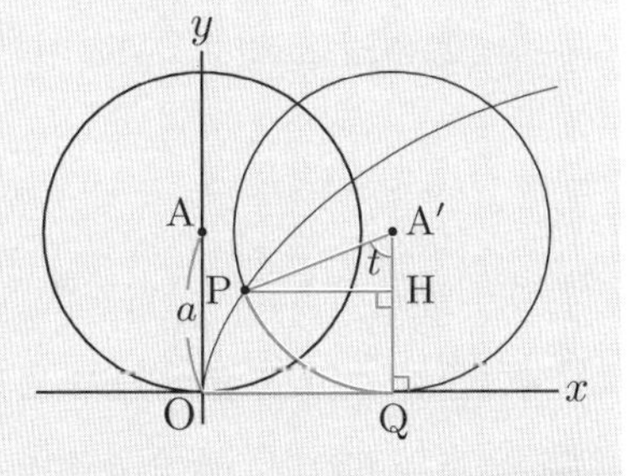

$\mathrm{OQ}=\overset{\frown}{\mathrm{PQ}}=at$ より

$$x=\mathrm{OQ}-\mathrm{PH}=at-a\sin t=a(t-\sin t)$$

$$y=\mathrm{A'Q}-\mathrm{A'H}=a-a\cos t=a(1-\cos t)$$

$t \geqq \frac{\pi}{2}$ のときも同様に証明される． //

● **注**⋯⋯例題 4 の軌跡として得られる曲線を**サイクロイド**という．

問・8 媒介変数 t によって

$$x = 3\cos t,\quad y = 2\sin t \quad (0 \leqq t \leqq 2\pi)$$

と表される曲線は楕円 $\dfrac{x^2}{9} + \dfrac{y^2}{4} = 1$ であることを証明せよ.

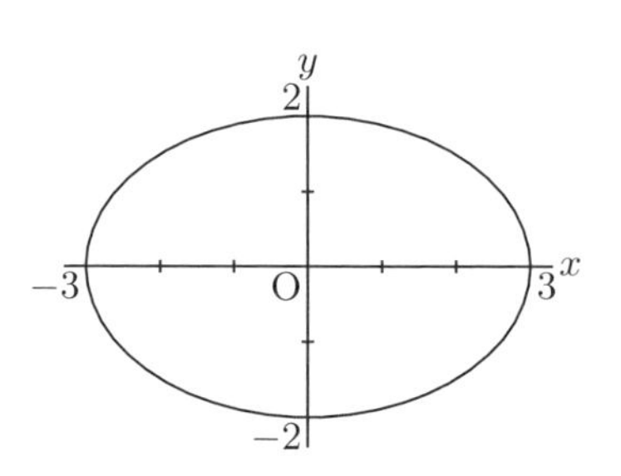

68 ページの媒介変数表示 (2) において, $f(t)$, $g(t)$ は微分可能で, $f'(t)$ は常に正または負とすると, 関数 $x = f(t)$ は単調に増加または単調に減少するから, 逆関数が存在する. したがって, x の値を与えたとき, 逆関数により t の値が定まり, さらに, 関数 $y = g(t)$ により y の値が定まる. すなわち, y は x の関数となる. この関数の導関数を求めよう.

x が Δx だけ変化するときの t, y の変化量をそれぞれ Δt, Δy とおくと

$$\frac{\Delta y}{\Delta x} = \frac{\dfrac{\Delta y}{\Delta t}}{\dfrac{\Delta x}{\Delta t}}$$

$\Delta x \to 0$ のとき $\Delta t \to 0$ となるから, 次の公式が得られる.

●媒介変数表示による関数の導関数

$x = f(t)$, $y = g(t)$ のとき

$$\frac{dy}{dx} = \frac{\dfrac{dy}{dt}}{\dfrac{dx}{dt}} = \frac{g'(t)}{f'(t)} \qquad (\text{ただし}\quad f'(t) \neq 0)$$

例 6 半径 r の円の媒介変数表示 $x = r\cos t$, $y = r\sin t$ について

$$\frac{dx}{dt} = -r\sin t,\quad \frac{dy}{dt} = r\cos t$$

したがって, $\sin t \neq 0$, すなわち, $t \neq n\pi$ (n は整数) のとき

$$\frac{dy}{dx} = \frac{\dfrac{dy}{dt}}{\dfrac{dx}{dt}} = \frac{r\cos t}{-r\sin t} = -\frac{\cos t}{\sin t}$$

問・9 次の媒介変数表示による関数について，$\dfrac{dy}{dx}$ を求めよ．

(1)　$x = 2\cos^3 t,\ \ y = 2\sin^3 t$　　　(2)　$x = \dfrac{e^t + e^{-t}}{2},\ \ y = \dfrac{e^t - e^{-t}}{2}$

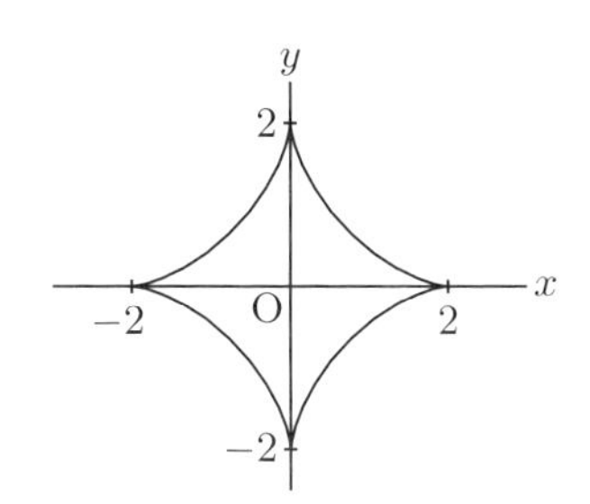

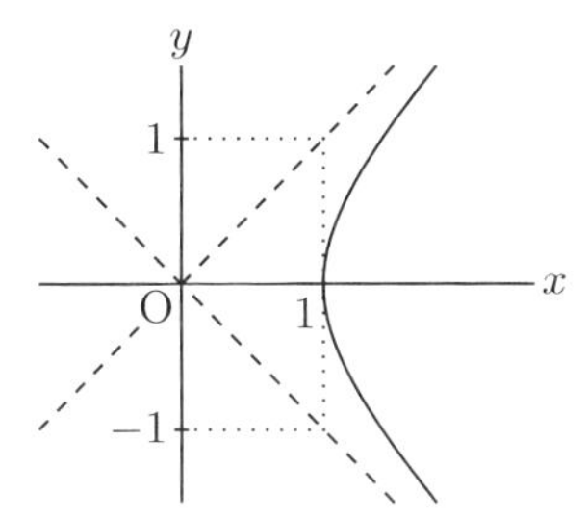

例題 5　サイクロイド $x = t - \sin t,\ y = 1 - \cos t$ 上の $t = \dfrac{\pi}{2}$ に対応する点を求めよ．また，その点における接線の方程式を求めよ．

解　$t = \dfrac{\pi}{2}$ のとき　$x = \dfrac{\pi}{2} - 1,\ y = 1$

よって，対応する点は　$\left(\dfrac{\pi}{2} - 1\ ,\ 1\right)$

$$\frac{dy}{dx} = \frac{\dfrac{dy}{dt}}{\dfrac{dx}{dt}} = \frac{\sin t}{1 - \cos t}\ \text{より}$$

接線の傾きは　$\left(\dfrac{dy}{dx}\right)_{t=\frac{\pi}{2}} = 1$

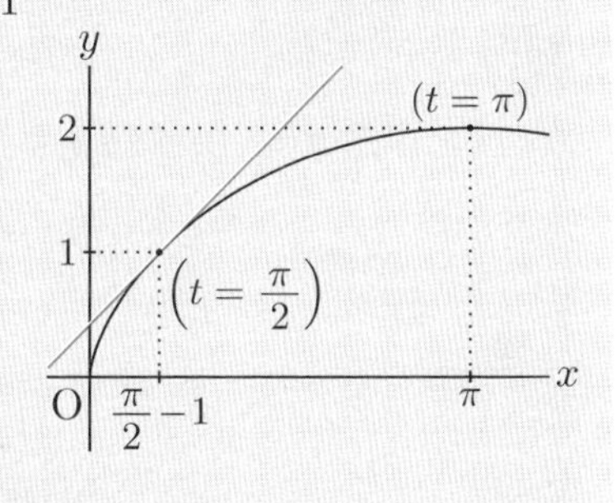

したがって，接線の方程式は　$y - 1 = 1 \cdot \left(x - \dfrac{\pi}{2} + 1\right)$

$\therefore\quad y = x + 2 - \dfrac{\pi}{2}$　　//

問・10 次の媒介変数で表される曲線上の (　) 内の t の値に対応する点を求めよ．また，その点における接線の方程式を求めよ．

(1)　$x = 3 - t^2,\ y = t - 1$　　　$(t = 1)$

(2)　$x = 2\sin t,\ y = \cos 2t$　　　$\left(t = \dfrac{\pi}{3}\right)$

2 5 速度と加速度

数直線上を運動する点Pの座標 x が時刻 t の関数 $x(t)$ で表されるとする．時刻 t から $t+\Delta t$ までの間に点Pは $x(t)$ から $x(t+\Delta t)$ に動くから，
$\dfrac{x(t+\Delta t)-x(t)}{\Delta t}$ は t と $t+\Delta t$ の間の点Pの**平均速度**である．

$\Delta t \to 0$ のときの平均速度の極限値，すなわち座標 x の時刻 t に関する変化率

$$v(t)=\frac{dx}{dt}=\lim_{\Delta t\to 0}\frac{x(t+\Delta t)-x(t)}{\Delta t}$$

を時刻 t における点Pの**速度**という．

また，速度 v の t に関する変化率

$$\alpha(t)=\frac{dv}{dt}=\frac{d^2x}{dt^2}=\lim_{\Delta t\to 0}\frac{v(t+\Delta t)-v(t)}{\Delta t}$$

を時刻 t における点Pの**加速度**という．

例題 6 原点Oを中心とする半径 a の円周上を運動する点Pがある．いま，点Pが点A$(a,\ 0)$ を出発し，原点Oのまわりを毎秒 ω ラジアンの割合で正の向きに回転するものとする．点Pから x 軸に引いた垂線をPQとするとき，次の問いに答えよ．

(1) 出発してから t 秒後の，点Qの速度，加速度を求めよ．

(2) 点Qの速度が0となるときの点Pの座標を求めよ．

解 (1) 点Qの x 座標を $x(t)$ とすると

$$x(t)=a\cos\omega t$$

よって，点Qの速度 $v(t)$ と加速度 $\alpha(t)$ は

$$v(t)=x'(t)=-a\omega\sin\omega t$$

$$\alpha(t)=v'(t)=-a\omega^2\cos\omega t$$

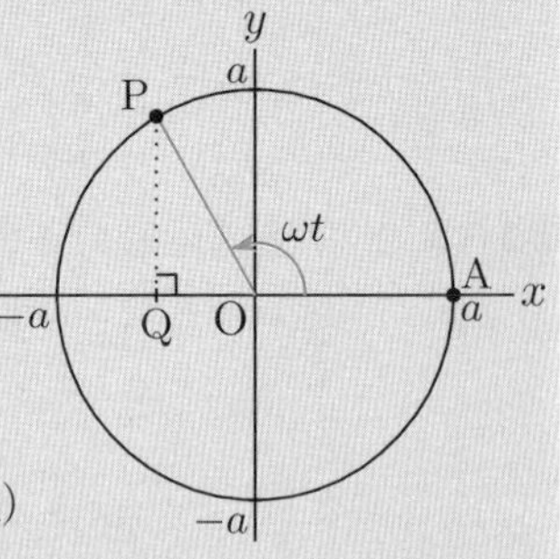

(2) $v(t)=0$ とおくと　$\omega t=n\pi$ （n は整数）

このとき，点Pの座標は $(a\cos n\pi,\ a\sin n\pi)$ 　すなわち　$(\pm a,\ 0)$ 　//

問・11 地上 1.8 m の位置から毎秒 29.4 m の速度で真上に投げ上げられた物体の t 秒後の高さを y m とすると，次の等式が成り立つ．

$$y = -4.9t^2 + 29.4t + 1.8$$

このとき，次の問いに答えよ．

(1) この物体の t 秒後の速度 $v(t)$，加速度 $\alpha(t)$ を求めよ．

(2) 最高の高さに到達するまでの時間とその高さを求めよ．

2 6 平均値の定理

ここでは，1 節で述べた関数の増減に関する性質とロピタルの定理を証明しよう．

$f(x)$ は開区間 $(a,\ b)$ で微分可能，閉区間 $[a,\ b]$ で連続とする．また

$$f(a) = f(b)$$

が成り立つとする．

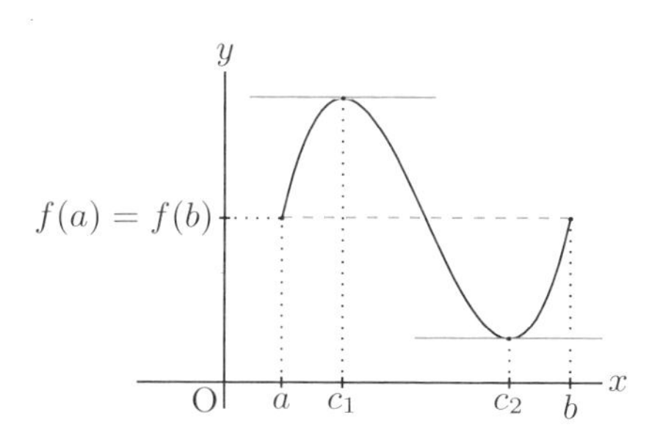

まず，$f(x)$ が定数関数の場合は，すべての点で $f'(x) = 0$ である．

$f(x)$ が定数関数でない場合，43 ページで述べたことより，$f(x)$ は閉区間 $[a,\ b]$ で最大値および最小値をもつが，最大値と最小値の少なくとも一方は開区間 $(a,\ b)$ 内のいずれかの点 c でとる．

このとき，点 c で極大または極小になるから

$$f'(c) = 0$$

が成り立つ．

以上のことから，次の**ロルの定理**が成り立つ．

●ロルの定理

関数 $f(x)$ が，閉区間 $[a,\ b]$ で連続で，開区間 $(a,\ b)$ で微分可能であり，さらに $f(a)=f(b)$ であるとき

$$f'(c)=0 \qquad (a<c<b)$$

を満たす点 c が少なくとも 1 つ存在する．

ロルの定理を用いて，次の**平均値の定理**が証明される．

●平均値の定理

関数 $f(x)$ が閉区間 $[a,\ b]$ で連続で，開区間 $(a,\ b)$ で微分可能であるとき

$$\frac{f(b)-f(a)}{b-a}=f'(c) \qquad (a<c<b) \qquad (1)$$

を満たす点 c が少なくとも 1 つ存在する．

証明　点 $\mathrm{A}\bigl(a,\ f(a)\bigr)$, $\mathrm{B}\bigl(b,\ f(b)\bigr)$ を通る直線の傾きを m とおくと

$$m=\frac{f(b)-f(a)}{b-a}$$

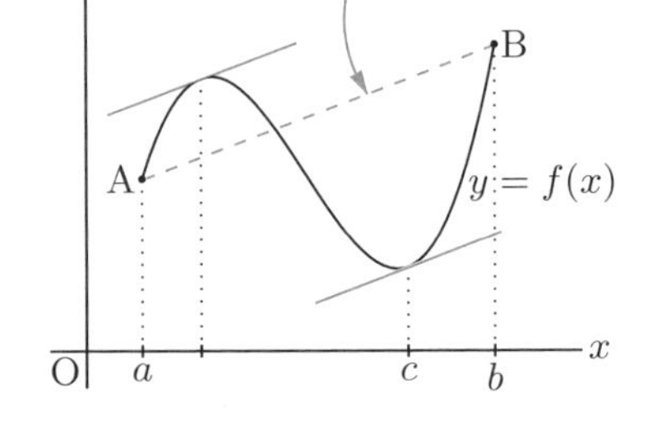

このとき，(1) の左辺は m であり，直線 AB の方程式は

$$y=f(a)+m(x-a) \qquad (2)$$

$y=f(x)$ と (2) の差を $F(x)$ とおく．

$$F(x)=f(x)-f(a)-m(x-a)$$

$F(x)$ は区間 $[a,\ b]$ で連続で，区間 $(a,\ b)$ で微分可能であり

$$F'(x)=f'(x)-m$$

また

$$F(a)=f(a)-f(a)-m(a-a)=0$$

$$F(b)=f(b)-f(a)-m(b-a)$$
$$=f(b)-f(a)-\frac{f(b)-f(a)}{b-a}(b-a)=0$$

したがって，ロルの定理より

$$F'(c)=f'(c)-m=0 \qquad (a<c<b)$$

すなわち

$$f'(c) = m \qquad (a < c < b)$$

を満たす点 c が少なくとも 1 つ存在する. //

●注…… $a < c < b$ のとき, $0 < c - a < b - a$ だから

$$0 < \frac{c-a}{b-a} < 1$$

$b - a = h$, $\dfrac{c-a}{b-a} = \theta$ とおくと

$$0 < \theta < 1,\ b = a + h,\ c = a + \theta(b-a) = a + \theta h$$

したがって, (1) は次のように表される.

$$\frac{f(a+h) - f(a)}{h} = f'(a + \theta h) \qquad (0 < \theta < 1) \qquad (3)$$

平均値の定理より, 50 ページの次のことが成り立つ.

●関数の増減

関数 $f(x)$ が開区間 $I = (a,\ b)$ で微分可能であるとき

(Ⅰ) I で $f'(x) > 0$ ならば, $f(x)$ は I で単調に増加する.

(Ⅱ) I で $f'(x) < 0$ ならば, $f(x)$ は I で単調に減少する.

証明 I で $f'(x) > 0$ のとき

I 内の任意の点 x_1, x_2 $(x_1 < x_2)$ について, 平均値の定理から次の等式を満たす点 c が存在する.

$$\frac{f(x_2) - f(x_1)}{x_2 - x_1} = f'(c)$$

$$(x_1 < c < x_2)$$

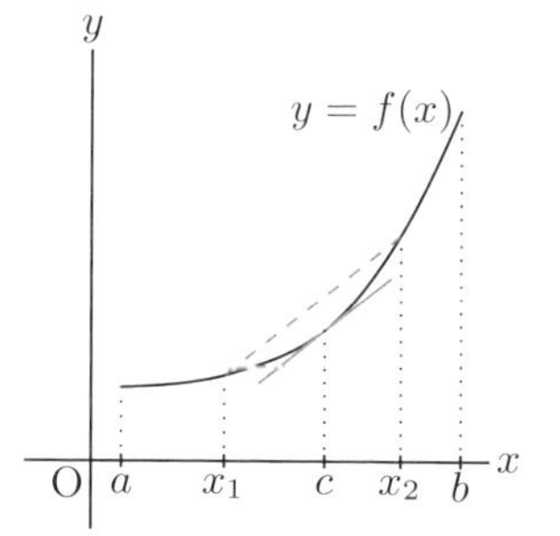

$f'(c) > 0$, $x_2 - x_1 > 0$ だから

$$f(x_2) - f(x_1) > 0 \quad すなわち \quad f(x_2) > f(x_1)$$

したがって, $f(x)$ は I で単調に増加する.

I で $f'(x) < 0$ となる場合も同様に証明することができる. //

平均値の定理を用いると，次のことも証明される．

●定数関数であるための必要十分条件

関数 $f(x)$ が区間 I で微分可能で，常に $f'(x)=0$ であれば，$f(x)$ は I で定数関数である．また，逆も成り立つ．

証明 逆は明らかである．ここでは，I で常に $f'(x)=0$ のとき，I 内の任意の点 x_1，x_2 $(x_1<x_2)$ に対して，$f(x_1)=f(x_2)$ であることを示す．

平均値の定理より，次の等式を満たす点 c が少なくとも1つ存在する．

$$\frac{f(x_2)-f(x_1)}{x_2-x_1}=f'(c) \qquad (x_1<c<x_2)$$

仮定より $f'(c)=0$ だから，上式より

$$f(x_2)-f(x_1)=0 \quad \text{すなわち} \quad f(x_1)=f(x_2)$$

よって，$f(x)$ の値は I のすべての点で等しいから，定数関数である．//

次の**コーシーの平均値の定理**も，ロルの定理を用いて証明される．

●コーシーの平均値の定理

関数 $f(x)$，$g(x)$ が閉区間 $[a,\ b]$ で連続，開区間 $(a,\ b)$ で微分可能で，区間 $(a,\ b)$ のすべての点 x について $g'(x)\neq 0$ とする．このとき

$$\frac{f(b)-f(a)}{g(b)-g(a)}=\frac{f'(c)}{g'(c)} \qquad (a<c<b)$$

を満たす点 c が少なくとも1つ存在する．

●注…… $g(x)=x$ とすると，平均値の定理が得られる．

証明 $g'(x)\neq 0$ より $g(x)$ は単調に増加または減少するから，$g(a)\neq g(b)$ である．平均値の定理と同様に，$m=\dfrac{f(b)-f(a)}{g(b)-g(a)}$ とおいて

$$\varphi(x)=f(x)-f(a)-m\{g(x)-g(a)\}$$

とする．$\varphi(x)$ は閉区間 $[a,\ b]$ で連続，開区間 $(a,\ b)$ で微分可能である．

また

$$\varphi(a) = f(a) - f(a) - m\{g(a) - g(a)\} = 0$$

$$\varphi(b) = f(b) - f(a) - \frac{f(b) - f(a)}{g(b) - g(a)}\{g(b) - g(a)\} = 0$$

したがって，ロルの定理により

$$\varphi'(c) = f'(c) - m\,g'(c) = 0 \qquad (a < c < b)$$

すなわち

$$f'(c) = m\,g'(c) \qquad (a < c < b) \tag{4}$$

を満たす点 c が存在する．$g'(c) \neq 0$ だから，(4) の両辺を $g'(c)$ で割ると

$$\frac{f'(c)}{g'(c)} = m \quad \text{すなわち} \quad \frac{f(b) - f(a)}{g(b) - g(a)} = \frac{f'(c)}{g'(c)} \qquad //$$

コーシーの平均値の定理から，**ロピタルの定理**が得られる．

●ロピタルの定理

関数 $f(x)$, $g(x)$ は $f(a) = g(a) = 0$ を満たし，$x = a$ の近くで微分可能で，$g'(x) \neq 0$ $(x \neq a)$ であるとする．

このとき，$\displaystyle\lim_{x \to a} \frac{f'(x)}{g'(x)}$ が存在すれば

$$\lim_{x \to a} \frac{f(x)}{g(x)} = \lim_{x \to a} \frac{f'(x)}{g'(x)}$$

証明　条件 $f(a) = g(a) = 0$ およびコーシーの平均値の定理から，a と x の間のある値 c に対して

$$\frac{f(x)}{g(x)} = \frac{f(x) - f(a)}{g(x) - g(a)} = \frac{f'(c)}{g'(c)}$$

が成り立つ．ここで，$x \to a$ のとき，$c \to a$ となるから

$$\lim_{x \to a} \frac{f(x)}{g(x)} = \lim_{c \to a} \frac{f'(c)}{g'(c)} = \lim_{x \to a} \frac{f'(x)}{g'(x)} \qquad //$$

コラム

リサジュー（リサージュ）曲線

t を変数とする関数 $x = A\sin(\omega t + \phi)$ の表す波形を正弦波といい，定数 A, ω, ϕ をそれぞれ振幅，角速度，位相，および $f = \dfrac{\omega}{2\pi}$ を周波数という．オシロスコープは，電気的な振動を表示する装置であるが，2つのチャンネルに基準波 $x = \sin\omega_0 t$ と測定波 $y = A\sin(\omega t + \phi)$ を入力すると，x, y を座標系とするスクリーン上にリサジュー曲線と呼ばれる曲線が表示される．

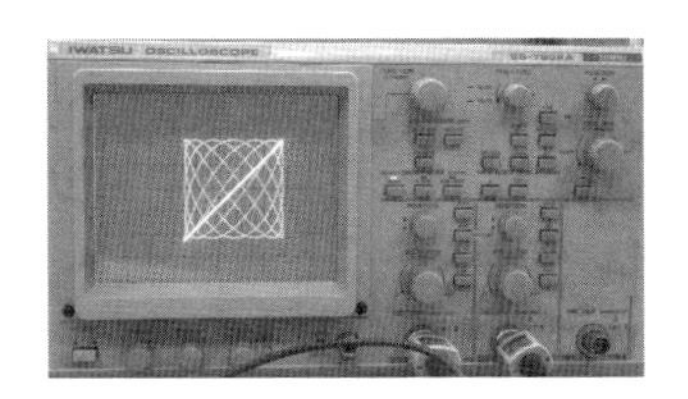

(i)　周波数と位相が同じ場合

線分になる．また，$y = A\sin\omega_0 t$ より

$$\frac{dy}{dx} = \frac{\dfrac{dy}{dt}}{\dfrac{dx}{dt}} = \frac{A\omega_0\cos\omega_0 t}{\omega_0\cos\omega_0 t} = A$$

となるから，傾きは A である．

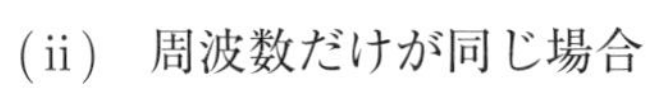

(ii)　周波数だけが同じ場合

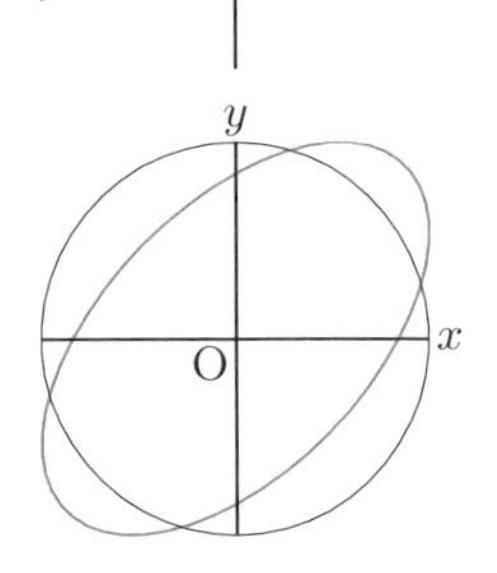

楕円になる．特に，振幅が同じで

$$y = \sin\left(\omega_0 t + \frac{\pi}{2}\right) = \cos\omega_0 t$$

のときは円になる．

(iii)　位相だけが同じ場合

周波数と振幅の違いにより，いろいろなリサジュー曲線が現れる．特に，振幅も同じとした場合，次のような曲線になる．

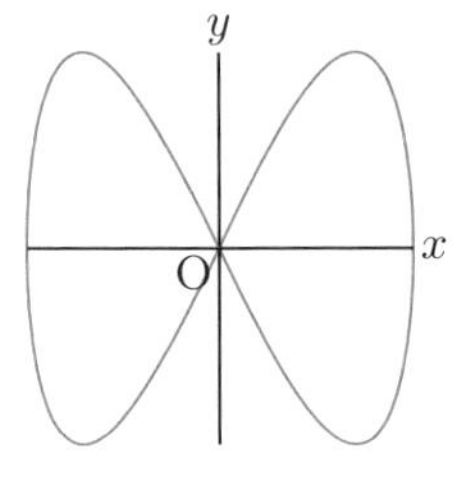

$y = \sin 2\omega_0 t$

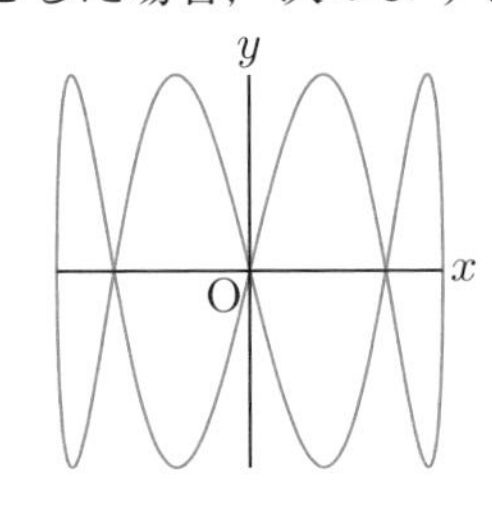

$y = \sin 4\omega_0 t$

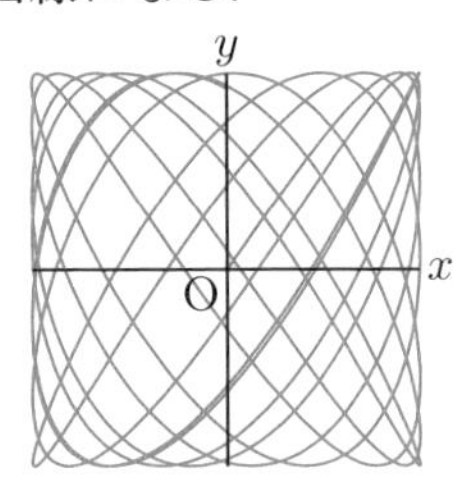

$y = \sin\sqrt{2}\,\omega_0 t$

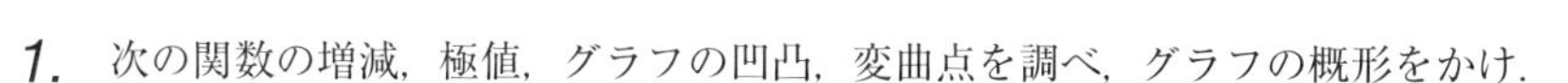

練習問題 2・A

1. 次の関数の増減，極値，グラフの凹凸，変曲点を調べ，グラフの概形をかけ．

(1) $y = \dfrac{x+1}{\sqrt{x}}$　　(2) $y = x - 2\sin x \quad (0 \leqq x \leqq 2\pi)$

(3) $y = \dfrac{1}{x^2+1}$　　(4) $y = e^x \cos x \quad \left(-\dfrac{\pi}{2} \leqq x \leqq \dfrac{\pi}{2}\right)$

2. 媒介変数 t によって表される次の曲線について，表の空欄を埋めて $(x,\ y)$ を求めることにより，その概形をかけ．

(1) $\begin{cases} x = 2t+3 \\ y = 1-t \end{cases}$　　(2) $\begin{cases} x = t^3 \\ y = t^2 \end{cases}$

t	-2	-1	0	1	2
x					
y					

t	-1.5	-1	-0.5	0	0.5	1	1.5
x							
y							

3. 次の媒介変数表示による関数について，$\dfrac{dy}{dx}$ を求めよ．

(1) $\begin{cases} x = 2t^2-3t+1 \\ y = 5t+4 \end{cases}$　　(2) $\begin{cases} x = 3\cos t \\ y = \sin^3 t \end{cases}$

(3) $\begin{cases} x = \tan^{-1} t \\ y = e^{-t^2} \end{cases}$　　(4) $\begin{cases} x = \log t \\ y = \dfrac{1}{1+t^2} \end{cases}$

4. 次の曲線上の（　）内の t の値に対応する点における接線の方程式を求めよ．

(1) $\begin{cases} x = t^3+1 \\ y = te^t \end{cases} \quad (t=1)$　　(2) $\begin{cases} x = 2\cos t+1 \\ y = \sin 3t \end{cases} \quad \left(t = \dfrac{\pi}{4}\right)$

5. 数直線上の動点 P の座標 x が時刻 t の関数として

$$x = a\cos\omega t + b\sin\omega t \quad (a,\ b,\ \omega \text{ は定数})$$

で表されるとき，P の加速度は x に比例することを証明せよ．

練習問題 2・B

1.　$y=\tan^{-1}x$ について，次の等式を証明せよ．ただし，n は正の整数とする．

(1)　$(1+x^2)y'=1$

(2)　$(1+x^2)y^{(n+1)}+2nxy^{(n)}+n(n-1)y^{(n-1)}=0$

2.　楕円 $\dfrac{x^2}{a^2}+\dfrac{y^2}{b^2}=1$（$a$，$b$ は正の定数）について，次の問いに答えよ．

(1)　媒介変数表示 $x=a\cos t$，$y=b\sin t$ を用いて，$\dfrac{dy}{dx}=-\dfrac{b^2x}{a^2y}$ が成り立つことを証明せよ．

(2)　楕円上の点 $(x_0,\ y_0)$ における接線の方程式は $\dfrac{x_0x}{a^2}+\dfrac{y_0y}{b^2}=1$ であることを証明せよ．

3.　深さが 30cm，上面の半径が 15cm の直円錐の容器がある．これに毎分 20cm^3 の割合で水を入れると，水の深さが 10cm のときの水面の上がる速さはいくらか．

4.　長さ 100 の線分 PQ の端点 P は x 軸上の正の部分を動き，他端 Q は y 軸上の正の部分を動くものとする．点 Q が点 A(0，50) を出発して毎秒 5 の速さで原点 O に向かって動いているとき，次の問いに答えよ．ただし，$0<t<10$ とする．

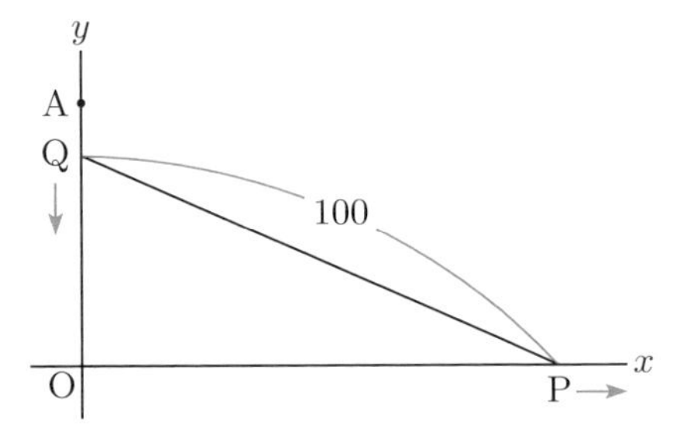

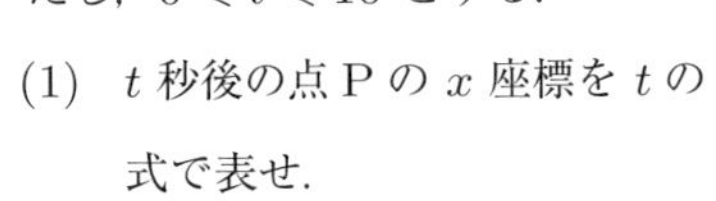

(1)　t 秒後の点 P の x 座標を t の式で表せ．

(2)　t 秒後の点 P の速度を求めよ．

3章 積分法

取り尽くし法

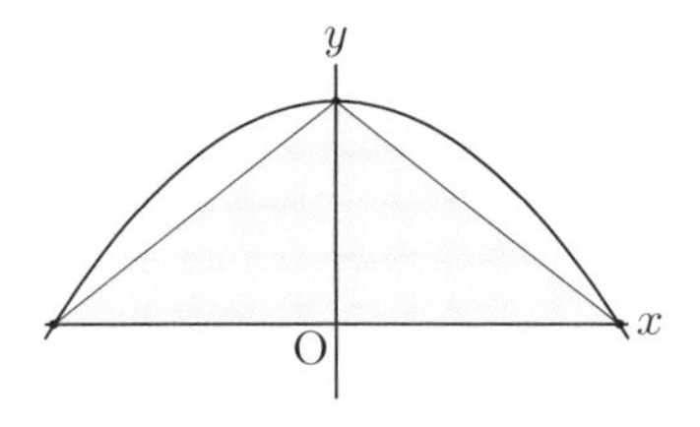

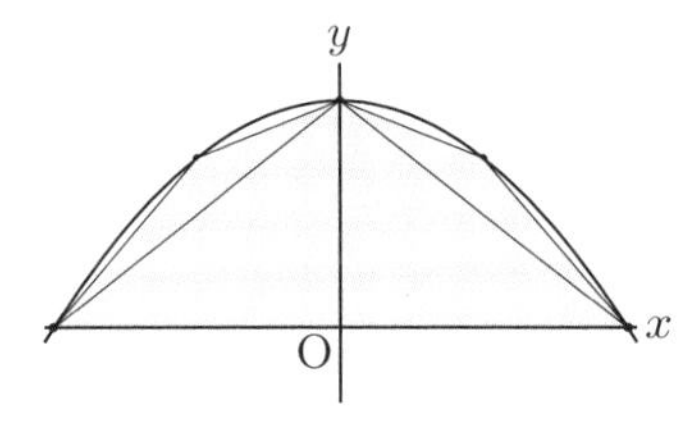

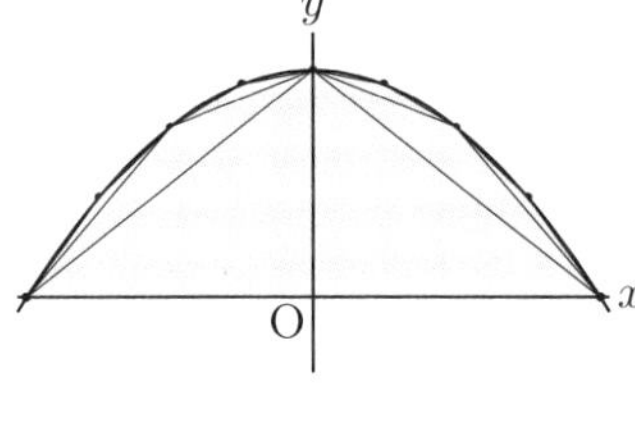

⋮

区分求積法

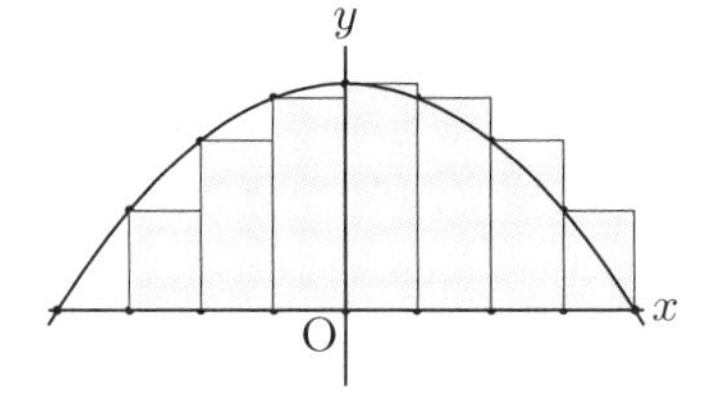

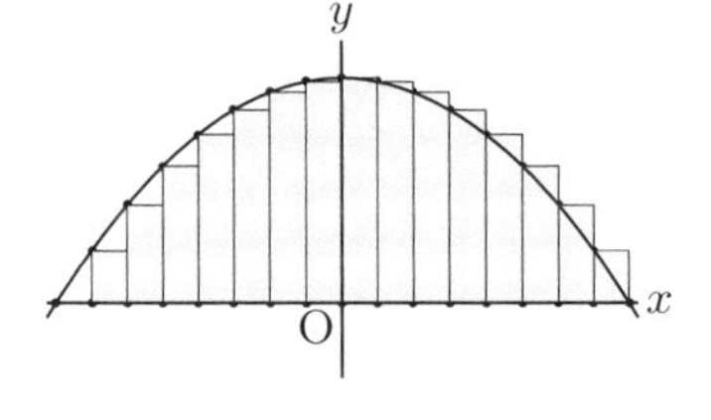

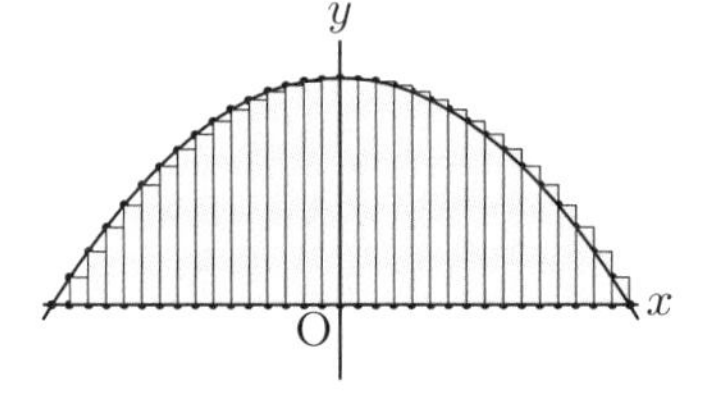

⋮

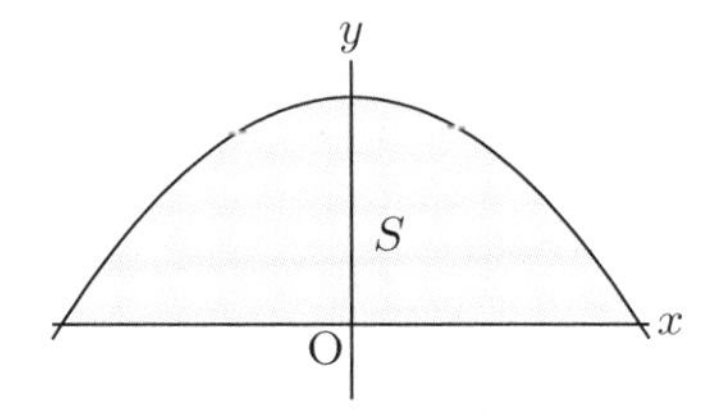

●この章を学ぶために

本章では不定積分と定積分を学ぶ．微分では，各点における変化の割合を調べることで，関数の特徴を捉えようとするが，定積分は，個々の点の値よりも，考えている範囲全体での値，具体的には面積などを求めるものである．このことからは，微分と定積分は関係ないように見えるが，微分積分学の基本定理という重要な定理によって密接に結び付けられる．その仲立ちをするのが，微分の逆演算である不定積分である．1節では不定積分と定積分の意味と計算，2節では積分のいろいろな計算法を学ぶ．

1 不定積分と定積分

1 1 不定積分

関数 $f(x)$ について

$$F'(x) = f(x)$$

を満たす関数 $F(x)$ を $f(x)$ の**不定積分**または**原始関数**という．

$F(x)$ が $f(x)$ の不定積分であることを次のように表す．

$$F(x) = \int f(x)\,dx$$

例 1　$\left(\dfrac{1}{2}x^2\right)' = x$ だから，$\dfrac{1}{2}x^2$ は x の不定積分である．

$(\sin x)' = \cos x$ だから，$\sin x$ は $\cos x$ の不定積分である．

$f(x)$ の不定積分は1つとは限らない．例えば，$\dfrac{1}{2}x^2$ は x の不定積分であるが，$\left(\dfrac{1}{2}x^2+1\right)' = x$ より，$\dfrac{1}{2}x^2+1$ も x の不定積分である．さらに，任意の定数 C について，関数 $\dfrac{1}{2}x^2+C$ はすべて x の不定積分である．

一般に，$f(x)$ の2つの不定積分を $F(x)$，$G(x)$ とすると

$$F'(x) = f(x), \quad G'(x) = f(x)$$

したがって　$\{G(x)-F(x)\}'=G'(x)-F'(x)=f(x)-f(x)=0$

76ページの公式より，導関数が0である関数は定数だから

$$G(x)-F(x)=C \quad \text{すなわち} \quad G(x)=F(x)+C \quad (C\text{は定数})$$

これから，一般に次のことが成り立つ．

●不定積分

$f(x)$ の不定積分の1つを $F(x)$ とすると，$f(x)$ の不定積分は

$$\int f(x)\,dx=F(x)+C \qquad (C\text{は任意の定数})$$

例 2　$\displaystyle\int x\,dx=\frac{1}{2}x^2+C,\qquad \int \cos x\,dx=\sin x+C$

関数 $f(x)$ の不定積分を求めることを，$f(x)$ を**積分する**という．また，$f(x)$ を**被積分関数**といい，任意定数 C を**積分定数**という．これ以降，この節では C は積分定数を表すものとする．

微分法の公式から，次の公式が得られる．

●不定積分の公式（1）

（I）　$\displaystyle\int k\,dx=kx+C \qquad (k\text{は定数})$

（II）　$\displaystyle\int x^{\alpha}\,dx=\frac{1}{\alpha+1}x^{\alpha+1}+C \qquad (\alpha \neq -1)$

$\displaystyle\int \frac{1}{x}\,dx=\int x^{-1}\,dx=\log|x|+C$

（III）　$\displaystyle\int e^x\,dx=e^x+C$

（IV）　$\displaystyle\int \sin x\,dx=-\cos x+C,\quad \int \cos x\,dx=\sin x+C$

●**注**……$\displaystyle\int 1\,dx,\ \int \frac{1}{x}\,dx$ などを，それぞれ $\displaystyle\int dx,\ \int \frac{dx}{x}$ のように1を省略して書くこともある．

例題 1　次の不定積分を求めよ．

(1) $\displaystyle\int \frac{dx}{x^3}$　　　(2) $\displaystyle\int \sqrt{x}\,dx$

解　(1) $\displaystyle\int \frac{dx}{x^3} = \int x^{-3}\,dx = \frac{1}{-3+1}x^{-3+1} + C = -\frac{1}{2x^2} + C$

(2) $\displaystyle\int \sqrt{x}\,dx = \int x^{\frac{1}{2}}\,dx = \frac{1}{\frac{1}{2}+1}x^{\frac{1}{2}+1} + C = \frac{2}{3}x\sqrt{x} + C$　　//

問・1　次の不定積分を求めよ．

(1) $\displaystyle\int x^5\,dx$　　(2) $\displaystyle\int \frac{dx}{x^2}$　　(3) $\displaystyle\int \frac{dx}{\sqrt{x}}$

不定積分の性質について，次の公式が成り立つ．

●不定積分の性質

(I) $\displaystyle\int k\,f(x)\,dx = k\int f(x)\,dx$　　(k は定数)

(II) $\displaystyle\int \{f(x) \pm g(x)\}\,dx = \int f(x)\,dx \pm \int g(x)\,dx$　　(複号同順)

証明　微分法の性質と不定積分の定義から

$$\left(k\int f(x)\,dx\right)' = k\left(\int f(x)\,dx\right)' = k\,f(x)$$

$$\left(\int f(x)\,dx \pm \int g(x)\,dx\right)' = \left(\int f(x)\,dx\right)' \pm \left(\int g(x)\,dx\right)'$$

$$= f(x) \pm g(x)\quad\text{(複号同順)}$$　　//

例 3　$\displaystyle\int (5x^3+3)\,dx = 5\int x^3\,dx + \int 3\,dx = \frac{5}{4}x^4 + 3x + C$

●**注**……上の例において，第 2 式には 2 つの不定積分があるが，第 3 式での積分定数は 1 つにまとめられる．

問・2　次の関数の不定積分を求めよ．

(1)　$2x^3+3x^2-2x+5$　　(2)　$3\cos x+4e^x$

(3)　$6\sin x+\dfrac{2}{x}$　　(4)　$\left(x-\dfrac{1}{x}\right)^2$

例題 2　$\displaystyle\int f(x)\,dx=F(x)+C$ のとき，次の公式を証明せよ．

$$\int \boldsymbol{f(ax+b)\,dx=\frac{1}{a}F(ax+b)+C} \qquad (a,\ b\text{ は定数で }a\neq 0)$$

解　$\displaystyle\int f(x)\,dx=F(x)+C$ だから　$F'(x)=f(x)$

20ページの例題10より　$\{F(ax+b)\}'=af(ax+b)$

したがって　$\left\{\dfrac{1}{a}F(ax+b)\right\}'=f(ax+b)$

不定積分の定義より　$\displaystyle\int f(ax+b)\,dx=\frac{1}{a}F(ax+b)+C$　//

例 4　$\displaystyle\int x^3\,dx=\frac{1}{4}x^4+C$ より

$$\int(2x+5)^3\,dx=\frac{1}{2}\cdot\frac{1}{4}(2x+5)^4+C=\frac{1}{8}(2x+5)^4+C$$

$\displaystyle\int\sqrt{x}\,dx=\frac{2}{3}x^{\frac{3}{2}}+C$ より

$$\int\sqrt{4x-3}\,dx=\frac{1}{4}\cdot\frac{2}{3}(4x-3)^{\frac{3}{2}}+C=\frac{1}{6}\sqrt{(4x-3)^3}+C$$

$\displaystyle\int\cos x\,dx=\sin x+C$ より

$$\int\cos(3x+1)\,dx=\frac{1}{3}\sin(3x+1)+C$$

問・3　次の不定積分を求めよ．

(1)　$\displaystyle\int(4x+1)^4\,dx$　　(2)　$\displaystyle\int\sin 3x\,dx$　　(3)　$\displaystyle\int e^{5x+2}\,dx$

1 2 定積分の定義

関数 $y=f(x)$ は区間 $[a,\ b]$ で定義され，$f(x) \geqq 0$ とする．この区間を n 個の小区間に分け，その分点を左から順に

$$a=x_0,\ x_1,\ x_2,\ \cdots,\ x_{n-1},\ x_n=b$$

とし，左から k 番目の小区間 $[x_{k-1},\ x_k]$ の長さを

$$\Delta x_k = x_k - x_{k-1} \quad (k=1,\ 2,\ \cdots,\ n)$$

とする．このとき，図のような n 個の長方形の面積の和 S_Δ を求めよう．

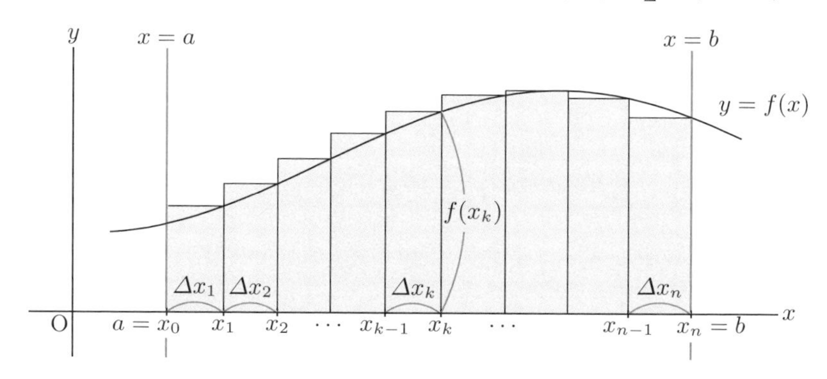

左から k 番目の長方形の縦，横の長さはそれぞれ $f(x_k)$，Δx_k だから

$$S_\Delta = \sum_{k=1}^{n} f(x_k)\Delta x_k$$

分割数 n の値を限りなく大きくし，すべての小区間の長さ Δx_k を限りなく 0 に近づけることを

$$\Delta x_k \to 0$$

で表す．このとき，S_Δ がある一定の値 S に限りなく近づくならば

$$\lim_{\Delta x_k \to 0} S_\Delta = \lim_{\Delta x_k \to 0} \sum_{k=1}^{n} f(x_k)\Delta x_k = S$$

と書き，関数 $f(x)$ は区間 $[a,\ b]$ で**積分可能**であるという．また，この極限値 S を $f(x)$ の **a から b までの定積分**といい，$\displaystyle\int_a^b \boldsymbol{f(x)\,dx}$ で表す．a，b をそれぞれ**下端**，**上端**といい，x を**積分変数**，$f(x)$ を**被積分関数**という．また，定積分の値を求めることを，$f(x)$ を **a から b まで積分する**という．

極限値 S は曲線 $y=f(x)$ と 2 直線 $x=a$, $x=b$ および x 軸で囲まれる図形の面積と考えられる.

●定積分の定義

$$\int_a^b f(x)\,dx = \lim_{\Delta x_k \to 0} \sum_{k=1}^{n} f(x_k)\Delta x_k$$

●**注**…定積分の定義において, $f(x_k)$ の x_k を小区間 $[x_{k-1},\ x_k]$ の中の任意の点 z_k でおきかえて, $f(z_k)$ としてもよい. また, 区間 $[a,\ b]$ で連続な関数は積分可能であることが知られている.

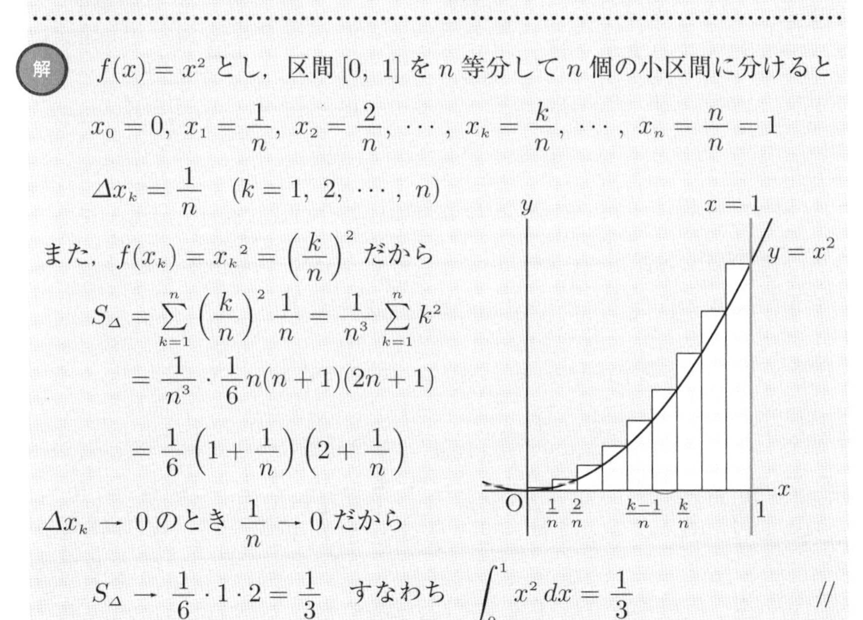

例題 3　定積分の定義に従って, $S=\int_0^1 x^2\,dx$ の値を求めよ.

解　$f(x)=x^2$ とし, 区間 $[0,\ 1]$ を n 等分して n 個の小区間に分けると

$$x_0=0,\ x_1=\frac{1}{n},\ x_2=\frac{2}{n},\ \cdots,\ x_k=\frac{k}{n},\ \cdots,\ x_n=\frac{n}{n}=1$$

$$\Delta x_k=\frac{1}{n}\quad (k=1,\ 2,\ \cdots,\ n)$$

また, $f(x_k)={x_k}^2=\left(\frac{k}{n}\right)^2$ だから

$$S_\Delta=\sum_{k=1}^{n}\left(\frac{k}{n}\right)^2\frac{1}{n}=\frac{1}{n^3}\sum_{k=1}^{n}k^2$$

$$=\frac{1}{n^3}\cdot\frac{1}{6}n(n+1)(2n+1)$$

$$=\frac{1}{6}\left(1+\frac{1}{n}\right)\left(2+\frac{1}{n}\right)$$

$\Delta x_k \to 0$ のとき $\frac{1}{n}\to 0$ だから

$$S_\Delta \to \frac{1}{6}\cdot 1\cdot 2=\frac{1}{3}\quad すなわち\quad \int_0^1 x^2\,dx=\frac{1}{3}$$ //

●**注**…この定積分の値は, 放物線 $y=x^2$ と直線 $x=1$ および x 軸で囲まれた図形の面積に等しい.

問・4 定義に従って $\displaystyle\int_0^1 x\,dx$ の値を求めたい．区間 [0, 1] を n 等分して考えるとき，次の問いに答えよ．

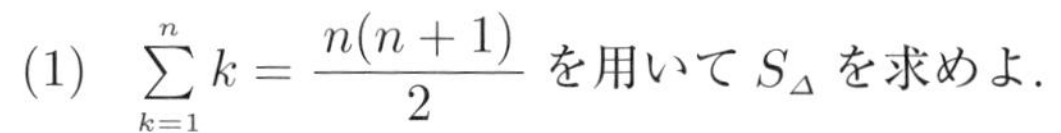

(1) $\displaystyle\sum_{k=1}^{n} k = \frac{n(n+1)}{2}$ を用いて S_Δ を求めよ．

(2) $\displaystyle\int_0^1 x\,dx = \frac{1}{2}$ となることを証明せよ．

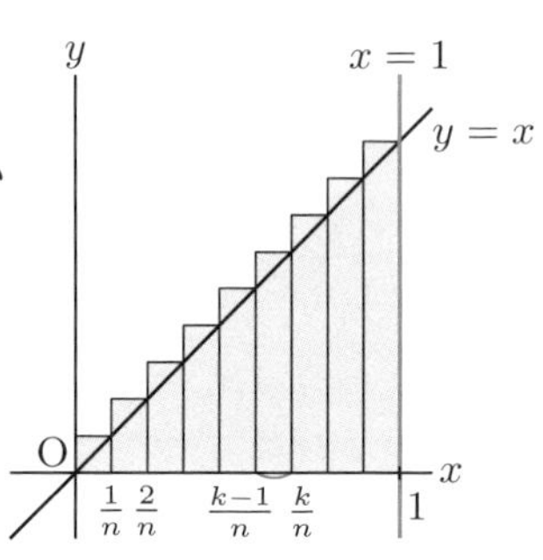

区間 $[a,\ b]$ で $f(x) \leqq 0$ の場合も定積分は同様に定義される．ただし，曲線 $y=f(x)$ と 2 直線 $x=a$, $x=b$ および x 軸で囲まれる図形の面積 S については，次のようになる．

$$S = -\int_a^b f(x)\,dx$$

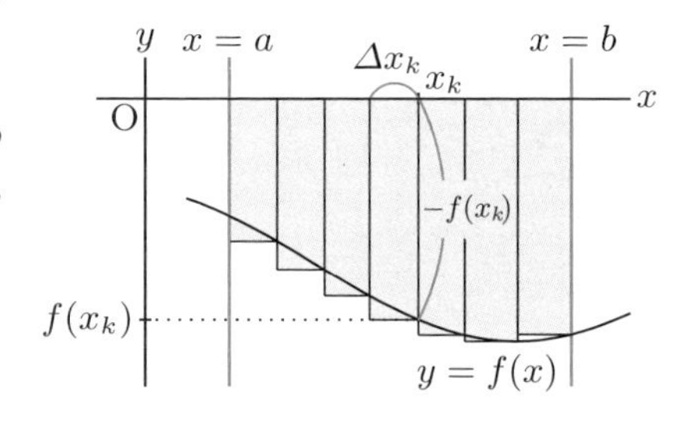

定積分の性質について，次の公式が成り立つ．

●定積分の性質

$f(x)$, $g(x)$ が区間 $[a,\ b]$ で積分可能であるとき

(Ⅰ) $\displaystyle\int_a^b c\,dx = c(b-a)$　　(c は定数)

(Ⅱ) $\displaystyle\int_a^b c\,f(x)\,dx = c\int_a^b f(x)\,dx$　　(c は定数)

(Ⅲ) $\displaystyle\int_a^b \{f(x) \pm g(x)\}\,dx = \int_a^b f(x)\,dx \pm \int_a^b g(x)\,dx$　　(複号同順)

(Ⅳ) $\displaystyle\int_a^b f(x)\,dx = \int_a^c f(x)\,dx + \int_c^b f(x)\,dx$

証明 (I) $\displaystyle\int_a^b c\,dx = \lim_{\Delta x_k \to 0} \sum_{k=1}^{n} c\,\Delta x_k$

$$= c \lim_{\Delta x_k \to 0} \sum_{k=1}^{n} \Delta x_k$$

$$= c(b-a)$$

(II) $\displaystyle\int_a^b c\,f(x)\,dx = \lim_{\Delta x_k \to 0} \sum_{k=1}^{n} c\,f(x_k)\Delta x_k$

$$= c \lim_{\Delta x_k \to 0} \sum_{k=1}^{n} f(x_k)\Delta x_k = c\int_a^b f(x)\,dx$$

(III) $\displaystyle\int_a^b \{f(x) \pm g(x)\}\,dx = \lim_{\Delta x_k \to 0} \sum_{k=1}^{n} \{f(x_k) \pm g(x_k)\}\Delta x_k$

$$= \lim_{\Delta x_k \to 0} \sum_{k=1}^{n} f(x_k)\Delta x_k \pm \lim_{\Delta x_k \to 0} \sum_{k=1}^{n} g(x_k)\Delta x_k$$

$$= \int_a^b f(x)\,dx \pm \int_a^b g(x)\,dx \qquad \text{（複号同順）}$$

(IV) ここでは $a < c < b$ の場合について示す．区間 $[a,\ b]$ を n 個の小区間に分けるとき，c を 1 つの分点と定め，$c = x_r$ とすると

$$\int_a^b f(x)\,dx = \lim_{\Delta x_k \to 0} \sum_{k=1}^{n} f(x_k)\Delta x_k$$

$$= \lim_{\Delta x_k \to 0} \left\{ \sum_{k=1}^{r} f(x_k)\Delta x_k + \sum_{k=r+1}^{n} f(x_k)\Delta x_k \right\}$$

$$= \int_a^c f(x)\,dx + \int_c^b f(x)\,dx \qquad //$$

例 5 (I), (II), (III) および 87 ページ例題 3 の結果を用いると

$$\int_0^1 (4x^2+3)\,dx = 4\int_0^1 x^2\,dx + \int_0^1 3\,dx = \frac{4}{3} + 3(1-0) = \frac{13}{3}$$

問・5 例題 3 および問 4 の結果を用いて，次の定積分の値を求めよ．

(1) $\displaystyle\int_0^1 (3x+1)\,dx$ (2) $\displaystyle\int_0^1 (5x^2+3x-4)\,dx$

定積分の大小関係について，次の性質が成り立つ．

●定積分の大小関係

区間 $[a,\ b]$ で $f(x) \geqq g(x)$ のとき

$$\int_a^b f(x)\,dx \geqq \int_a^b g(x)\,dx$$

証明　$f(x)-g(x) \geqq 0$ より，$\displaystyle\int_a^b \{f(x)-g(x)\}\,dx \geqq 0$ だから

$$\int_a^b f(x)\,dx - \int_a^b g(x)\,dx \geqq 0 \quad \therefore \quad \int_a^b f(x)\,dx \geqq \int_a^b g(x)\,dx \qquad //$$

●注…さらに，$f(x)$, $g(x)$ が連続で，$f(x) > g(x)$ を満たす点 x が区間内に存在すれば，次の不等式が成り立つ．

$$\int_a^b f(x)\,dx > \int_a^b g(x)\,dx$$

これまで，定積分 $\displaystyle\int_a^b f(x)\,dx$ において，$a<b$ と考えてきたが，$a \geqq b$ の場合には，定積分を次のように定める．

$a=b$ のとき　$\displaystyle\boldsymbol{\int_a^a f(x)\,dx = 0}$

$a>b$ のとき　$\displaystyle\boldsymbol{\int_a^b f(x)\,dx = -\int_b^a f(x)\,dx}$

このように定めると，$a<b<c$ の場合

$$\int_a^c f(x)\,dx = \int_a^b f(x)\,dx + \int_b^c f(x)\,dx$$

より

$$\int_a^b f(x)\,dx = \int_a^c f(x)\,dx - \int_b^c f(x)\,dx = \int_a^c f(x)\,dx + \int_c^b f(x)\,dx$$

したがって，$a<b<c$ の場合も定積分の性質(IV)が成り立つ．他の場合も同様に(IV)が成り立つ．

1 3 微分積分学の基本定理

区間 $[a,\ b]$ で連続である関数 $f(x)$ を考えよう.

この区間における $f(x)$ の最大値を M, 最小値を m とすると

$$m \leqq f(x) \leqq M$$

となるから, 定積分の大小関係より

$$\int_a^b m\,dx \leqq \int_a^b f(x)\,dx \leqq \int_a^b M\,dx$$

$$m(b-a) \leqq \int_a^b f(x)\,dx \leqq M(b-a)$$

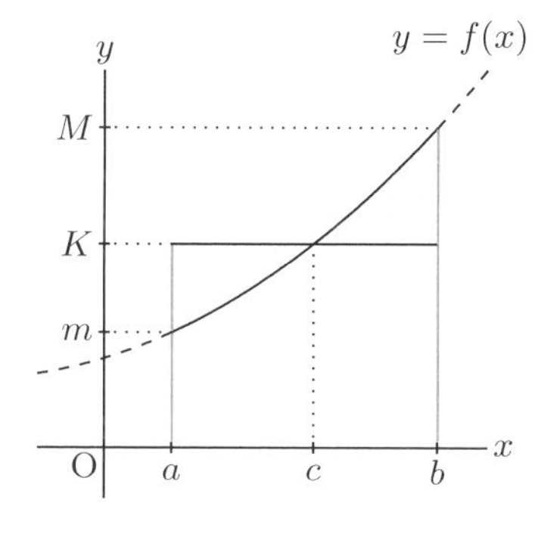

したがって

$$m \leqq \frac{1}{b-a}\int_a^b f(x)\,dx \leqq M$$

ここで

$$\frac{1}{b-a}\int_a^b f(x)\,dx = K$$

とおくと, 42 ページの中間値の定理により, 区間 $(a,\ b)$ において, $f(c) = K$ を満たす c が少なくとも 1 つ存在する. すなわち

$$\frac{1}{b-a}\int_a^b f(x)\,dx = f(c) \qquad (a < c < b)$$

よって, 次の**定積分に関する平均値の定理**が成り立つ.

●定積分に関する平均値の定理

$f(x)$ が区間 $[a,\ b]$ で連続ならば, 等式

$$\frac{1}{b-a}\int_a^b f(x)\,dx - f(c) \qquad (a < c < b)$$

を満たす c が少なくとも 1 つ存在する.

次に定積分と不定積分の関係を調べよう.

関数 $y = f(t)$ は区間 $[a,\ b]$ で連続であるとする. $[a,\ b]$ 内の任意の x に対して, $\displaystyle\int_a^x f(t)\,dt$ は x の関数となるから, これを $S(x)$ とおく.

$$S(x) = \int_a^x f(t)\,dt$$

$S(x)$ の導関数を求めると

$$S'(x) = \lim_{z \to x} \frac{S(z) - S(x)}{z - x}$$

$$= \lim_{z \to x} \frac{1}{z - x} \left\{ \int_a^z f(t)\,dt - \int_a^x f(t)\,dt \right\}$$

$$= \lim_{z \to x} \frac{1}{z - x} \int_x^z f(t)\,dt$$

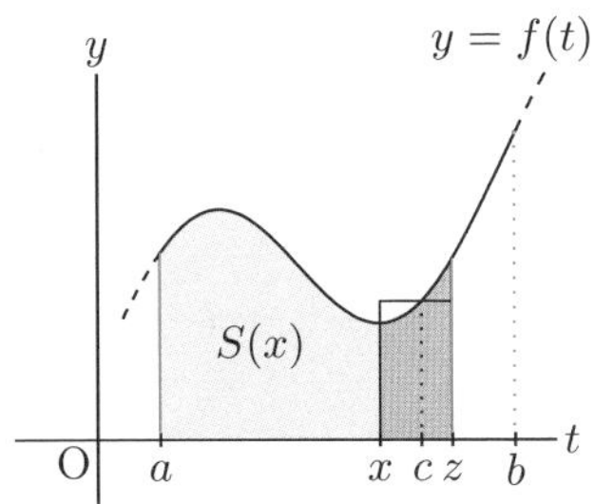

定積分に関する平均値の定理より

$$\frac{1}{z - x} \int_x^z f(t)\,dt = f(c)$$

を満たす c が x と z の間に存在する．

$z \to x$ のとき，$c \to x$ だから

$$S'(x) = \lim_{z \to x} \frac{1}{z - x} \int_x^z f(t)\,dt = \lim_{c \to x} f(c) = f(x)$$

これから，次の**微分積分学の基本定理**が得られる．

●微分積分学の基本定理

$f(x)$ が定数 a を含む区間 I で連続で，x が I 内の値をとるとき

$$S(x) = \int_a^x f(t)\,dt \text{ とおくと } \quad S'(x) = \frac{d}{dx} \int_a^x f(t)\,dt = f(x)$$

●**注**……定積分の値は，積分変数には無関係に被積分関数と積分区間によってのみ決まる．すなわち

$$\int_a^b f(t)\,dt = \int_a^b f(u)\,du = \int_a^b f(x)\,dx$$

したがって，上の定理は次のように表すこともできる．

$$\left(\int_a^x f(x)\,dx \right)' = f(x)$$

微分積分学の基本定理は，$\displaystyle\int_a^x f(x)\,dx$ が $f(x)$ の不定積分であることを意味している．

したがって，$f(x)$ の任意の不定積分の 1 つを $F(x)$ とすると

$$\int_a^x f(x)\,dx = F(x) + C \quad (C \text{ は定数})$$

が成り立つ．ここで，$x = a$ とおくと

$$\int_a^a f(x)\,dx = F(a) + C \quad \text{すなわち} \quad F(a) + C = 0$$

これから，$C = -F(a)$ となるから　$\displaystyle\int_a^x f(x)\,dx = F(x) - F(a)$

$x = b$ とおくと　$\displaystyle\int_a^b f(x)\,dx = F(b) - F(a)$

$F(b) - F(a)$ を記号 $\Big[F(x)\Big]_a^b$ で表すと，次の公式が得られる．

●定積分の計算法

$f(x)$ の不定積分の 1 つを $F(x)$ とすると

$$\int_a^b f(x)\,dx = \Big[F(x)\Big]_a^b = F(b) - F(a)$$

例 6　$\displaystyle\int x^2\,dx = \frac{1}{3}x^3 + C$ だから

$$\int_0^1 x^2\,dx = \left[\frac{1}{3}x^3\right]_0^1 = \frac{1}{3}$$

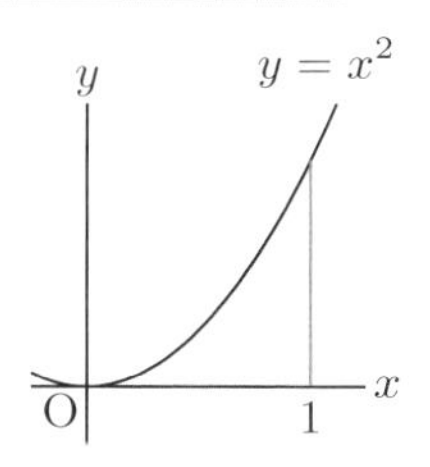

これは 87 ページの例題 3 で求めた定積分の値である．

問・6　次の定積分の値を求めよ．

(1)　$\displaystyle\int_0^{\frac{\pi}{2}} \cos x\,dx$　　　(2)　$\displaystyle\int_0^1 \sqrt[3]{x}\,dx$

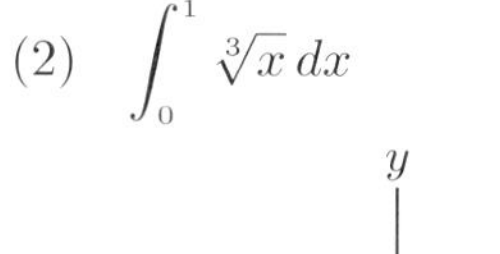

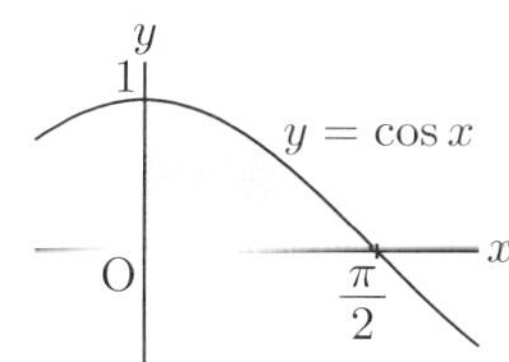

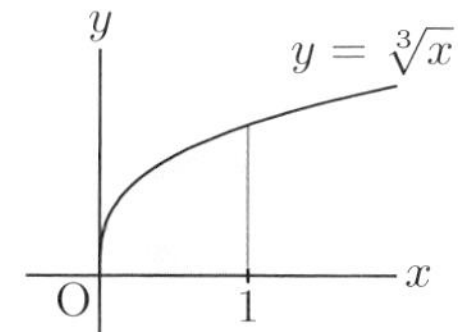

1 4　定積分の計算

これまで学んだ公式を用いて，いろいろな関数の定積分の値を求めよう．

例 7
$$\int_1^2 (2x^2+3x)\,dx = 2\int_1^2 x^2\,dx + 3\int_1^2 x\,dx$$
$$= 2\left[\frac{1}{3}x^3\right]_1^2 + 3\left[\frac{1}{2}x^2\right]_1^2 = 2\left(\frac{8}{3}-\frac{1}{3}\right)+3\left(\frac{4}{2}-\frac{1}{2}\right)=\frac{55}{6}$$

●**注**…… $\int (2x^2+3x)\,dx = \frac{2}{3}x^3+\frac{3}{2}x^2+C$ より次のように計算してもよい．

$$\int_1^2 (2x^2+3x)\,dx = \left[\frac{2}{3}x^3+\frac{3}{2}x^2\right]_1^2 = \left(\frac{16}{3}+6\right)-\left(\frac{2}{3}+\frac{3}{2}\right)=\frac{55}{6}$$

問・7 次の定積分の値を求めよ．

(1) $\displaystyle\int_0^2 (5x^3+3x^2-3x-2)\,dx$　　(2) $\displaystyle\int_1^4 \left(\sqrt{x}-\frac{1}{\sqrt{x}}\right)^2 dx$

(3) $\displaystyle\int_{\frac{\pi}{4}}^{\frac{5\pi}{4}} (3\sin x-2\cos x)\,dx$　　(4) $\displaystyle\int_{-2}^2 (e^x+e^{-x})\,dx$

偶関数と奇関数の定積分については，次の公式が成り立つ．

●**偶関数・奇関数の定積分**

(Ⅰ) $f(x)$ が偶関数，すなわち，グラフが y 軸に関して対称のとき
$$\int_{-a}^0 f(x)\,dx = \int_0^a f(x)\,dx \text{ だから } \int_{-a}^a f(x)\,dx = 2\int_0^a f(x)\,dx$$

(Ⅱ) $f(x)$ が奇関数，すなわち，グラフが原点に関して対称のとき
$$\int_{-a}^0 f(x)\,dx = -\int_0^a f(x)\,dx \text{ だから } \int_{-a}^a f(x)\,dx = 0$$

(Ⅰ) 偶関数

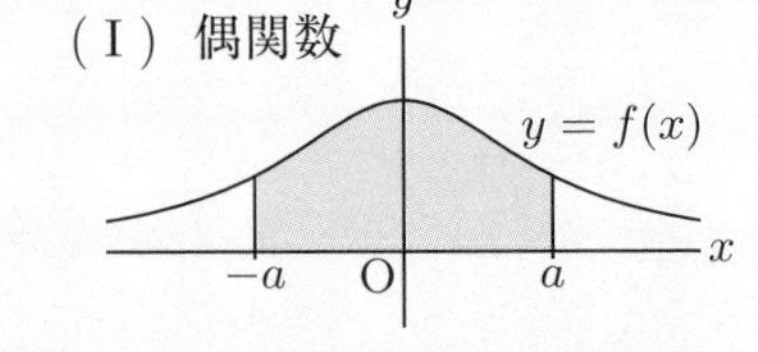

(Ⅱ) 奇関数

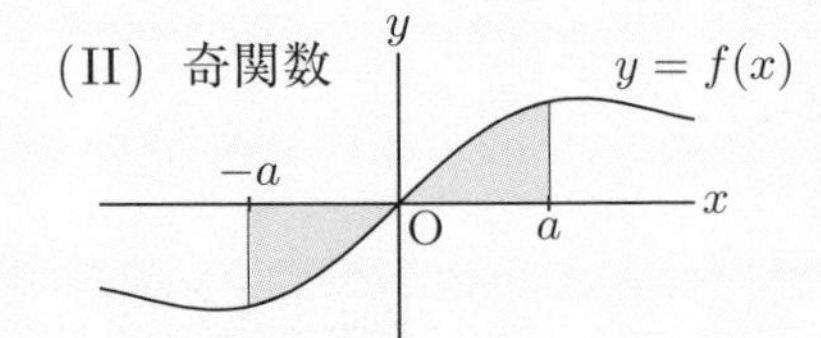

例題 4 次の定積分の値を求めよ．

$$\int_{-1}^{1}(2x^3+x^2+4x-3)\,dx$$

解 $2x^3$, $4x$ は奇関数，x^2, 3 は偶関数だから

$$与式 = 2\int_{0}^{1}(x^2-3)\,dx = 2\left[\frac{1}{3}x^3-3x\right]_0^1 = -\frac{16}{3} \quad //$$

問・8 次の定積分の値を求めよ．

(1) $\displaystyle\int_{-1}^{1}(4x^3-3x^2-2x+5)\,dx$　　(2) $\displaystyle\int_{-\frac{\pi}{3}}^{\frac{\pi}{3}}(\sin x+\cos x)\,dx$

定積分の定義により，曲線や直線で囲まれた図形の面積 S を定積分を用いて計算することができる．ただし，区間 $[a,\ b]$ で $f(x) \leqq 0$ の場合は，$S = -\displaystyle\int_a^b f(x)\,dx$ となることに注意する．

例題 5 区間 $[\pi,\ 2\pi]$ において，曲線 $y=\sin x$ と x 軸で囲まれた図形の面積 S を求めよ．

解 区間 $[\pi,\ 2\pi]$ で $\sin x \leqq 0$ だから

$$S = -\int_{\pi}^{2\pi}\sin x\,dx = -\Big[-\cos x\Big]_{\pi}^{2\pi}$$

$$= \cos 2\pi - \cos\pi = 1-(-1) = 2 \quad //$$

問・9 次の図形の面積を求めよ．

(1) 曲線 $y=\dfrac{1}{x}$ と 2 直線 $x=1$, $x=3$, および x 軸で囲まれた図形

(2) 曲線 $y=e^x$ と両座標軸および直線 $x=2$ で囲まれた図形

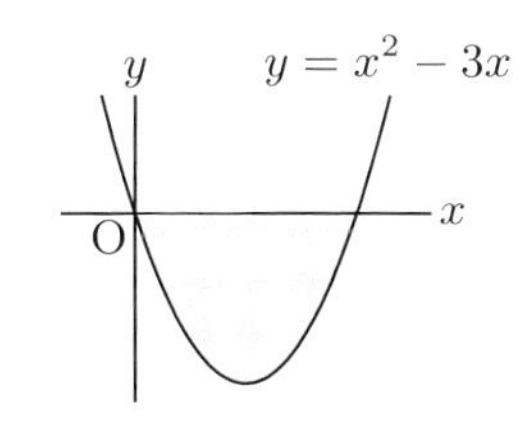

問・10 図のように，曲線 $y=x^2-3x$ と x 軸で囲まれた図形の面積を求めよ．

1 5 いろいろな不定積分の公式

$\sin x$, $\cos x$, $\tan x$ の逆数

$$\mathbf{cosec}\,\boldsymbol{x} = \frac{1}{\sin x} \qquad \text{コセカント（余割）}$$

$$\mathbf{sec}\,\boldsymbol{x} = \frac{1}{\cos x} \qquad \text{セカント（正割）}$$

$$\mathbf{cot}\,\boldsymbol{x} = \frac{1}{\tan x} = \frac{\cos x}{\sin x} \qquad \text{コタンジェント（余接）}$$

に関する不定積分の公式を導こう．

まず，23 ページの公式より

$$(\tan x)' = \frac{1}{\cos^2 x} = \sec^2 x$$

である．また

$$(\cot\ x)' = \left(\frac{\cos x}{\sin x}\right)' = \frac{-\sin^2 x - \cos^2 x}{\sin^2 x} = -\frac{1}{\sin^2 x} = -\mathrm{cosec}^2 x$$

したがって，次の公式が成り立つ．

不定積分の公式（2）

(V) $\displaystyle\int \sec^2 x\,dx = \int \frac{dx}{\cos^2 x} = \tan x + C$

(VI) $\displaystyle\int \mathrm{cosec}^2 x\,dx = \int \frac{dx}{\sin^2 x} = -\cot x + C$

例題 6 不定積分 $\displaystyle\int \tan^2 x\,dx$ を求めよ．

解

$$\int \tan^2 x\,dx = \int \frac{\sin^2 x}{\cos^2 x}\,dx = \int \frac{1-\cos^2 x}{\cos^2 x}\,dx$$

$$= \int \left(\frac{1}{\cos^2 x} - 1\right) dx = \tan x - x + C \qquad //$$

問・11 次の不定積分を求めよ．

(1) $\displaystyle\int \cot^2 x\,dx$

(2) $\displaystyle\int \frac{2+5\cos^3 x}{\cos^2 x}\,dx$

逆三角関数の微分公式 $\left(\sin^{-1}x\right)' = \dfrac{1}{\sqrt{1-x^2}}$, $\left(\tan^{-1}x\right)' = \dfrac{1}{1+x^2}$ などにより，次の公式も成り立つ．

●不定積分の公式 (3)

(VII) $\displaystyle\int \frac{dx}{\sqrt{a^2-x^2}} = \sin^{-1}\frac{x}{a} + C \qquad (a>0)$

(VIII) $\displaystyle\int \frac{dx}{x^2+a^2} = \frac{1}{a}\tan^{-1}\frac{x}{a} + C \qquad (a \neq 0)$

(IX) $\displaystyle\int \frac{dx}{\sqrt{x^2+A}} = \log\left|x+\sqrt{x^2+A}\right| + C \qquad (A \neq 0)$

証明 各等式の右辺の関数を微分して，左辺の被積分関数になることを示せばよい．例えば，(VII), (IX)は，合成関数の微分法より

$$\left(\sin^{-1}\frac{x}{a}\right)' = \frac{1}{\sqrt{1-\left(\dfrac{x}{a}\right)^2}} \cdot \frac{1}{a} = \frac{1}{\sqrt{a^2-x^2}}$$

$$\left(\log\left|x+\sqrt{x^2+A}\right|\right)' = \frac{1}{x+\sqrt{x^2+A}}\left(x+\sqrt{x^2+A}\right)'$$

$$= \frac{1}{x+\sqrt{x^2+A}}\left(1+\frac{1}{2}(x^2+A)^{-\frac{1}{2}}\cdot(x^2+A)'\right)$$

$$= \frac{1}{x+\sqrt{x^2+A}} \cdot \frac{\sqrt{x^2+A}+x}{\sqrt{x^2+A}} = \frac{1}{\sqrt{x^2+A}}$$

//

例題 7 不定積分 $\displaystyle\int \frac{x^2+5}{x^2+4}\,dx$ を求めよ．

解

$$\int \frac{x^2+5}{x^2+4}\,dx = \int \frac{(x^2+4)+1}{x^2+4}\,dx$$

$$= \int \left(1+\frac{1}{x^2+4}\right)dx = x + \frac{1}{2}\tan^{-1}\frac{x}{2} + C$$

//

問・12 次の不定積分を求めよ．

(1) $\displaystyle\int \frac{dx}{\sqrt{16-x^2}}$　(2) $\displaystyle\int \frac{dx}{\sqrt{x^2-16}}$　(3) $\displaystyle\int \frac{x^2+3}{x^2+1}\,dx$

例題 8　定積分 $\displaystyle\int_0^1 \frac{dx}{\sqrt{4-x^2}}$ の値を求めよ．

解　$\displaystyle\int_0^1 \frac{dx}{\sqrt{4-x^2}} = \left[\sin^{-1}\frac{x}{2}\right]_0^1 = \sin^{-1}\frac{1}{2} - \sin^{-1} 0$

ここで

$$y = \sin^{-1}\frac{1}{2} \iff \sin y = \frac{1}{2},\ -\frac{\pi}{2} \leqq y \leqq \frac{\pi}{2}$$

より，$\sin^{-1}\dfrac{1}{2} = \dfrac{\pi}{6}$ である．同様に，$\sin^{-1} 0 = 0$ となるから

$$\int_0^1 \frac{dx}{\sqrt{4-x^2}} = \frac{\pi}{6} - 0 = \frac{\pi}{6}$$ //

問・13　次の定積分の値を求めよ．

(1) $\displaystyle\int_0^3 \frac{dx}{\sqrt{x^2+7}}$　　(2) $\displaystyle\int_{-\sqrt{3}}^3 \frac{dx}{x^2+9}$

練習問題 1・A

1. 次の不定積分を求めよ．

(1) $\displaystyle\int \frac{x^3-2x^2+3x-1}{x^2}\,dx$　　(2) $\displaystyle\int \left(2\sqrt{x}-\frac{1}{2\sqrt{x}}\right)^2 dx$

(3) $\displaystyle\int (e^{6x}-\cos 3x)\,dx$　　(4) $\displaystyle\int \frac{dx}{6x+5}$

2. 次の定積分の値を求めよ．

(1) $\displaystyle\int_0^2 3x^2(x-2)\,dx$　　(2) $\displaystyle\int_1^2 \frac{5x^2-3x+4}{\sqrt{x}}\,dx$

(3) $\displaystyle\int_0^{\frac{\pi}{2}} (e^{4x}+\cos 2x)\,dx$　　(4) $\displaystyle\int_{-1}^1 (2x^3-3x^2+x+4)\,dx$

3. 次の不定積分および定積分の値を求めよ．

(1) $\displaystyle\int \frac{dx}{x^2+25}$　　(2) $\displaystyle\int \frac{\sqrt{x^2+2}+x}{x\sqrt{x^2+2}}\,dx$

(3) $\displaystyle\int_{-\sqrt{3}}^{\sqrt{3}} \frac{dx}{\sqrt{4-x^2}}$　　(4) $\displaystyle\int_0^1 \frac{dx}{x^2+3}$

4. $f(x)=ax^2+bx+c$ が次の等式を満たすように定数 a, b, c の値を定めよ．

$$\int_{-1}^1 f(x)\,dx=0,\quad \int_{-1}^1 xf(x)\,dx=2,\quad \int_{-1}^1 x^2f(x)\,dx=-8$$

5. 双曲線関数 $\cosh x=\dfrac{e^x+e^{-x}}{2}$, $\sinh x=\dfrac{e^x-e^{-x}}{2}$ について，次の等式を証明せよ．

$$\int \sinh x\,dx=\cosh x+C,\quad \int \cosh x\,dx=\sinh x+C$$

（C は積分定数）

6. 曲線 $y=\dfrac{1}{2}x^3-\dfrac{1}{2}x^2-x$ と x 軸で囲まれた図形の面積を求めよ．

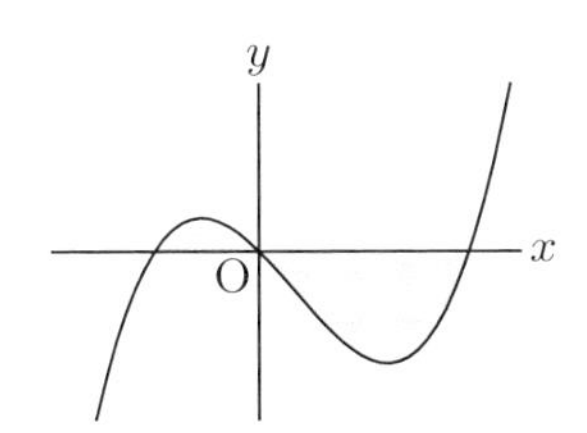

練習問題 1・B

1. 次の等式を証明せよ．

$$\int_{\alpha}^{\beta}(x-\alpha)(x-\beta)\,dx=-\frac{(\beta-\alpha)^3}{6}$$

2. $f(x)=5x^4-4x^3+2x+\int_{-1}^{1}f(t)\,dt$ を満たす関数 $f(x)$ を求めよ．

3. $\dfrac{d}{dx}\displaystyle\int_{x}^{x+1}f(t)\,dt=4x+4,\ f(0)=2$ を満たす 2 次関数 $f(x)$ を求めよ．

4. $S(x)=\displaystyle\int_{0}^{x}f(t)\,dt$ とおくとき，次の等式を証明せよ．ただし，$f(x)$ は連続とする．

(1) $\displaystyle\int_{-x}^{x}f(t)\,dt=S(x)-S(-x)$

(2) $\dfrac{d}{dx}\displaystyle\int_{-x}^{x}f(t)\,dt=f(x)+f(-x)$

5. 次の不等式を証明せよ．ただし，$0\leqq x\leqq 1$ とする．

(1) $\dfrac{1}{2}\leqq\dfrac{1}{1+\sqrt{x}}\leqq\dfrac{1}{1+x^2}$　　(2) $\dfrac{1}{2}<\displaystyle\int_{0}^{1}\frac{1}{1+\sqrt{x}}\,dx<\frac{\pi}{4}$

6. 半円 $y=\sqrt{a^2-x^2}$（a は正の定数）が x 軸と点 A, A′ で，y 軸と点 B で交わっている．この半円上の点 P から x 軸に垂線を引き，x 軸との交点を Q とする．P の x 座標を t $(t>0)$ とするとき，次の問いに答えよ．

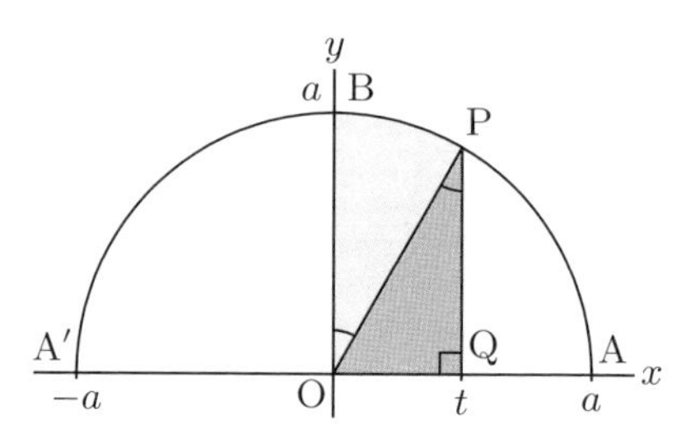

(1) △OPQ および扇形 OPB の面積を $a,\ t$ の式で表せ．

(2) 定積分 $\displaystyle\int_{0}^{t}\sqrt{a^2-x^2}\,dx$ を $a,\ t$ の式で表せ．

2 積分の計算

この節では，不定積分の積分定数 C を省略する．

2 1 置換積分法

$F'(t)=f(t)$ とすると，合成関数の微分法より

$$\{F(\varphi(x))\}'=F'(\varphi(x))\varphi'(x)=f(\varphi(x))\varphi'(x)$$

ここで，$\varphi(x)=t$ とおくと，不定積分の定義より

$$\int f(\varphi(x))\varphi'(x)\,dx=F(\varphi(x))=F(t)=\int f(t)\,dt$$

この方法を**置換積分法**という．

不定積分の置換積分法

$$\int f(\varphi(x))\varphi'(x)\,dx=\int f(t)\,dt \qquad (\varphi(x)=t)$$

注……上の公式は

$$\int f(t)\frac{dt}{dx}\,dx=\int f(t)\,dt$$

と書くことができ，ちょうど dx を約分したような形になっている．

形式的には，次の関係式を公式の左辺に代入すると右辺が得られる．

$$\boldsymbol{\varphi(x)=t,\quad \frac{dt}{dx}dx=dt} \quad \text{すなわち} \quad \boldsymbol{\varphi'(x)\,dx=dt}$$

例題 1 次の不定積分を求めよ．

(1) $\displaystyle\int \sin^3 x\cos x\,dx$　　(2) $\displaystyle\int (4x+3)^5\,dx$

(1) $\sin x=t$ とおくと，$(\sin x)'dx=dt$ より　$\cos x\,dx=dt$

$$\int \sin^3 x\cos x\,dx=\int t^3\,dt=\frac{1}{4}t^4=\frac{1}{4}\sin^4 x$$

(2) $4x+3=t$ とおくと，$4\,dx=dt$ より　$dx=\dfrac{1}{4}\,dt$

$$\int(4x+3)^5\,dx=\int t^5\left(\frac{1}{4}dt\right)=\frac{1}{4}\int t^5\,dt=\frac{1}{24}t^6=\frac{1}{24}(4x+3)^6 \quad //$$

●注…　(2) からわかるように，85 ページの例題 2 は置換積分法の特別な場合である．

問・1　次の不定積分を求めよ．

(1) $\displaystyle\int(\sin^2 x+1)\cos x\,dx$　　(2) $\displaystyle\int\sqrt{2x+3}\,dx$

(3) $\displaystyle\int\frac{x}{(x^2+1)^3}\,dx$　　(4) $\displaystyle\int x^2\,e^{x^3}\,dx$

例題 2　次の公式を証明せよ．

$$\int\frac{f'(x)}{f(x)}\,dx=\log|f(x)|$$

解　$f(x)=t$ とおくと，$f'(x)\,dx=dt$ だから

$$\int\frac{f'(x)}{f(x)}\,dx=\int\frac{dt}{t}=\log|t|=\log|f(x)| \quad //$$

例 1　$\displaystyle\int\tan x\,dx=\int\frac{\sin x}{\cos x}\,dx=-\int\frac{(\cos x)'}{\cos x}\,dx=-\log|\cos x|$

問・2　次の不定積分を求めよ．

(1) $\displaystyle\int\cot x\,dx$　　(2) $\displaystyle\int\frac{e^x}{e^x+4}\,dx$　　(3) $\displaystyle\int\frac{x}{x^2+5}\,dx$

次に，定積分に関する**置換積分法**の公式を導こう．

$f(t)$, $\varphi(x)$, $\varphi'(x)$ は連続であるとすると，置換積分法により

$$\int f\bigl(\varphi(x)\bigr)\varphi'(x)\,dx=F\bigl(\varphi(x)\bigr)\quad\left(\text{ただし}\quad F(t)=\int f(t)\,dt\right)$$

したがって，次の式が成り立つ．

$$\int_a^b f(\varphi(x))\varphi'(x)\,dx = \Big[F(\varphi(x))\Big]_a^b = F(\varphi(b)) - F(\varphi(a))$$

一方，$\varphi(a) = \alpha,\ \varphi(b) = \beta$ とおくと

$$\int_\alpha^\beta f(t)\,dt = \Big[F(t)\Big]_\alpha^\beta = F(\beta) - F(\alpha) = F(\varphi(b)) - F(\varphi(a))$$

これから，定積分の置換積分法について次の公式が得られる．

●定積分の置換積分法

$\varphi(a) = \alpha,\ \varphi(b) = \beta$ とおくと

$$\int_a^b f(\varphi(x))\varphi'(x)\,dx = \int_\alpha^\beta f(t)\,dt \qquad (\varphi(x) = t)$$

例題 3 次の定積分の値を求めよ．

(1) $\displaystyle\int_1^2 (2x-3)^4\,dx$　　(2) $\displaystyle\int_1^e \frac{\log x}{x}\,dx$

解 (1) $2x - 3 = t$ とおくと　$2\,dx = dt$

また，$x = 1$ のとき　$t = -1$

$x = 2$ のとき　$t = 1$

x	$1 \to 2$
t	$-1 \to 1$

↑ x と t の対応表

$$\therefore \int_1^2 (2x-3)^4\,dx = \frac{1}{2}\int_{-1}^1 t^4\,dt = \frac{1}{2}\cdot 2\int_0^1 t^4\,dt$$

$$= \left[\frac{1}{5}t^5\right]_0^1 = \frac{1}{5}$$

(2) $\log x = t$ とおくと　$\dfrac{1}{x}\,dx = dt$

また，x と t の対応は表のようになるから

x	$1 \to e$
t	$0 \to 1$

$$\int_1^e \frac{\log x}{x}\,dx = \int_0^1 t\,dt = \left[\frac{1}{2}t^2\right]_0^1 = \frac{1}{2}$$

//

問・3 次の定積分の値を求めよ．

(1) $\displaystyle\int_0^1 (3x-1)^3\,dx$　(2) $\displaystyle\int_e^{e^2} \frac{dx}{x\log x}$　(3) $\displaystyle\int_0^{\frac{\pi}{2}} \sin^5 x\,\cos x\,dx$

2 部分積分法

$\displaystyle\int g(x)\,dx = G(x)$ とおくと，積の微分法の公式と $G'(x) = g(x)$ より

$$\{f(x)G(x)\}' = f'(x)G(x) + f(x)G'(x) = f'(x)G(x) + f(x)g(x)$$

これから　$f(x)g(x) = \{f(x)G(x)\}' - f'(x)G(x)$

両辺を x について積分すると

$$\int f(x)g(x)\,dx = \int \{f(x)G(x)\}'\,dx - \int f'(x)G(x)\,dx$$
$$= f(x)G(x) - \int f'(x)G(x)\,dx$$

このようにして不定積分を求める方法を**部分積分法**という．

●不定積分の部分積分法

$\displaystyle\int g(x)\,dx = G(x)$ とおくと

$$\int f(x)g(x)\,dx = f(x)G(x) - \int f'(x)G(x)\,dx \qquad (1)$$

例題 4 不定積分 $\displaystyle\int x\sin x\,dx$ を求めよ．

解 $g(x) = \sin x$ として公式を用いると，$\displaystyle\int \sin x\,dx = -\cos x$ より

$$\int x\sin x\,dx = x\,(-\cos x) - \int (x)'\,(-\cos x)\,dx$$
$$= -x\cos x + \int \cos x\,dx = -x\cos x + \sin x \qquad //$$

問・4 次の不定積分を求めよ．

(1) $\displaystyle\int xe^x\,dx$　　(2) $\displaystyle\int x\cos x\,dx$

$\displaystyle\int f(x)\,dx = F(x)$ を用いた場合も同様の式が得られる．

$$\int f(x)g(x)\,dx = F(x)g(x) - \int F(x)g'(x)\,dx \qquad (2)$$

例題 5 不定積分 $\displaystyle\int \log x\,dx$ を求めよ.

解 $f(x)=1,\ g(x)=\log x$ として，(2) 式を用いる.

$$\begin{aligned}\int \log x\,dx &= \int 1\cdot\log x\,dx\\ &= x\log x - \int x\,(\log x)'\,dx\\ &= x\log x - \int x\cdot\frac{1}{x}\,dx\\ &= x\log x - \int dx = x\log x - x\end{aligned}$$

//

問・5 次の不定積分を求めよ.

(1) $\displaystyle\int x\log x\,dx$

(2) $\displaystyle\int \frac{\log x}{x^2}\,dx$

例題 6 不定積分 $\displaystyle\int x^2e^{2x}\,dx$ を求めよ.

解 不定積分の部分積分法の公式 (1) を繰り返し用いて

$$\begin{aligned}\int x^2e^{2x}\,dx &= x^2\cdot\frac{1}{2}e^{2x} - \int (x^2)'\cdot\frac{1}{2}e^{2x}\,dx\\ &= \frac{1}{2}x^2e^{2x} - \int xe^{2x}\,dx\\ &= \frac{1}{2}x^2e^{2x} - \left(x\cdot\frac{1}{2}e^{2x} - \int (x)'\cdot\frac{1}{2}e^{2x}\,dx\right)\\ &= \frac{1}{2}x^2e^{2x} - \left(\frac{1}{2}xe^{2x} - \frac{1}{2}\int e^{2x}\,dx\right)\\ &= \frac{1}{4}(2x^2-2x+1)e^{2x}\end{aligned}$$

//

問・6 次の不定積分を求めよ．

(1) $\displaystyle\int x^2 e^x\,dx$　　(2) $\displaystyle\int x^2\cos x\,dx$　　(3) $\displaystyle\int (\log x)^2\,dx$

関数 $f(x)$, $g(x)$, $f'(x)$, $g'(x)$ は区間 $[a,\ b]$ において連続であるとし，$\displaystyle\int g(x)\,dx = G(x)$ とする．積の微分法の公式から

$$f(x)g(x) = \{f(x)G(x)\}' - f'(x)G(x)$$

この両辺の a から b までの定積分を求めると

$$\int_a^b f(x)g(x)\,dx = \int_a^b \{f(x)G(x)\}'\,dx - \int_a^b f'(x)G(x)\,dx$$
$$= \Big[f(x)G(x)\Big]_a^b - \int_a^b f'(x)G(x)\,dx$$

この方法を，定積分の**部分積分法**という．

定積分の部分積分法

$\displaystyle\int g(x)\,dx = G(x)$ とおくと

$$\int_a^b f(x)g(x)\,dx = \Big[f(x)G(x)\Big]_a^b - \int_a^b f'(x)G(x)\,dx \qquad (3)$$

不定積分の場合の (2) に対応して，次の公式が成り立つ．

$$\int_a^b f(x)g(x)\,dx = \Big[F(x)g(x)\Big]_a^b - \int_a^b F(x)g'(x)\,dx \qquad (4)$$

例題 7 次の定積分の値を求めよ．

(1) $\displaystyle\int_0^{\frac{\pi}{2}} x\sin x\,dx$　　(2) $\displaystyle\int_0^1 x^2 e^x\,dx$

解 (1) $$\int_0^{\frac{\pi}{2}} x\sin x\,dx = \Big[\,x\,(-\cos x)\,\Big]_0^{\frac{\pi}{2}} - \int_0^{\frac{\pi}{2}} (x)'\,(-\cos x)\,dx$$
$$= 0 + \int_0^{\frac{\pi}{2}} \cos x\,dx = \Big[\,\sin x\,\Big]_0^{\frac{\pi}{2}} = 1$$

(2) $\displaystyle\int_0^1 x^2e^x\,dx = \Big[\,x^2e^x\,\Big]_0^1 - \int_0^1 (x^2)'e^x\,dx$

$\displaystyle = e - 2\int_0^1 xe^x\,dx = e - 2\left(\Big[\,xe^x\,\Big]_0^1 - \int_0^1 e^x\,dx\right)$

$\displaystyle = e - 2\left(e - \Big[e^x\Big]_0^1\right) = e - 2\{e-(e-1)\} = e-2$ //

問・7 次の定積分の値を求めよ.

(1) $\displaystyle\int_0^1 xe^x\,dx$　　(2) $\displaystyle\int_0^{\frac{\pi}{2}} x\cos x\,dx$

(3) $\displaystyle\int_1^e \log x\,dx$　　(4) $\displaystyle\int_0^{\frac{\pi}{2}} x^2\sin x\,dx$

2 3 置換積分法・部分積分法の応用

例題 8 次の不定積分を求めよ.

(1) $\displaystyle\int x(2x+3)^5\,dx$　　(2) $\displaystyle\int \frac{x^2}{\sqrt{x-1}}\,dx$

解 (1) $2x+3=t$ とおくと　$2\,dx = dt,\ x = \dfrac{t-3}{2}$

$\displaystyle\therefore\quad \text{与式} = \frac{1}{2}\int \frac{t-3}{2}t^5\,dt = \frac{1}{4}\int (t^6-3t^5)\,dt$

$\displaystyle = \frac{1}{4}\left(\frac{1}{7}t^7 - \frac{3}{6}t^6\right) = \frac{1}{28}t^7 - \frac{1}{8}t^6$

$\displaystyle = \frac{1}{28}(2x+3)^7 - \frac{1}{8}(2x+3)^6 = \frac{1}{56}(4x-1)(2x+3)^6$

(2) $x-1=t$ とおくと　$dx = dt,\ x = t+1$

$\displaystyle\therefore\quad \text{与式} = \int \frac{(t+1)^2}{\sqrt{t}}\,dt = \int\left(t^{\frac{3}{2}} + 2t^{\frac{1}{2}} + t^{-\frac{1}{2}}\right)dt$

$\displaystyle = \frac{2}{5}t^{\frac{5}{2}} + \frac{4}{3}t^{\frac{3}{2}} + 2t^{\frac{1}{2}}$

$\displaystyle = \frac{2}{5}\sqrt{(x-1)^5} + \frac{4}{3}\sqrt{(x-1)^3} + 2\sqrt{x-1}$ //

問・8 次の不定積分を求めよ.

(1) $\displaystyle\int \frac{x}{(x-3)^2}\,dx$　　(2) $\displaystyle\int \frac{x}{\sqrt{x+2}}\,dx$

(3) $\displaystyle\int x^2\sqrt{x+1}\,dx$　　(4) $\displaystyle\int 2x\,(2x-1)^7\,dx$

置換積分法の公式の変数 x と t を入れ換えると，次の等式が得られる.

$a=\varphi(\alpha)$, $b=\varphi(\beta)$, $a \leqq \varphi(t) \leqq b$ のとき

$$\int_a^b f(x)\,dx = \int_\alpha^\beta f\big(\varphi(t)\big)\varphi'(t)\,dt \quad (x=\varphi(t))$$

形式的には，次の置き換えをすればよい.

$$x=\varphi(t),\quad dx=\varphi'(t)\,dt$$

例題 9 次の定積分の値を求めよ．ただし，a は正の定数とする.

$$\int_0^a \sqrt{a^2-x^2}\,dx$$

解 $x=a\sin t$ とおくと　$dx=a\cos t\,dt$

x と t の対応は表のようになる.

x	$0 \to a$
t	$0 \to \dfrac{\pi}{2}$

$$\int_0^a \sqrt{a^2-x^2}\,dx = \int_0^{\frac{\pi}{2}} \sqrt{a^2-a^2\sin^2 t}\;a\cos t\,dt$$

$$= a^2\int_0^{\frac{\pi}{2}} \sqrt{1-\sin^2 t}\,\cos t\,dt = a^2\int_0^{\frac{\pi}{2}} \sqrt{\cos^2 t}\,\cos t\,dt$$

$0 \leqq t \leqq \dfrac{\pi}{2}$ のとき，$\cos t \geqq 0$ だから　$\sqrt{\cos^2 t}=\cos t$

したがって　$\displaystyle\int_0^a \sqrt{a^2-x^2}\,dx = a^2\int_0^{\frac{\pi}{2}} \cos^2 t\,dt$

ここで，半角の公式 $\cos^2 t = \dfrac{1+\cos 2t}{2}$ を用いて

$$\int_0^a \sqrt{a^2-x^2}\,dx = \frac{a^2}{2}\int_0^{\frac{\pi}{2}} (1+\cos 2t)\,dt$$

$$= \frac{a^2}{2}\Big[t+\frac{1}{2}\sin 2t\Big]_0^{\frac{\pi}{2}} = \frac{a^2}{2}\cdot\frac{\pi}{2} = \frac{\pi a^2}{4} \quad //$$

●注……例題 9 から，半径 a の円の面積は πa^2 であることがわかる．

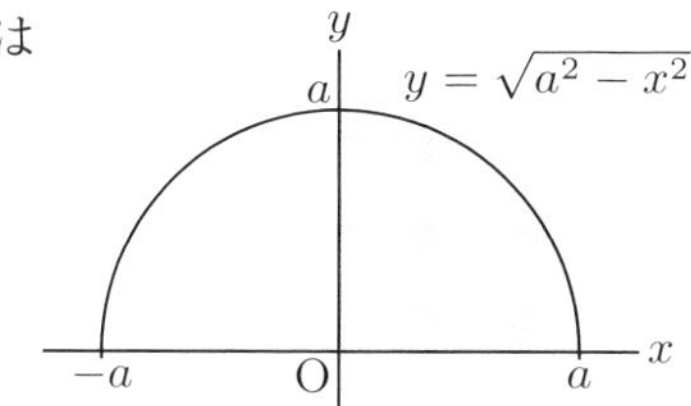

問・9 次の定積分の値を求めよ．

(1) $\displaystyle\int_{-3}^{3}\sqrt{9-x^2}\,dx$　　(2) $\displaystyle\int_{0}^{1}\sqrt{4-x^2}\,dx$

例題 10 a, b を 0 でない定数とするとき，次の公式を証明せよ．

$$\int e^{ax}\sin bx\,dx=\frac{e^{ax}}{a^2+b^2}(a\sin bx-b\cos bx)$$

解 $I=\displaystyle\int e^{ax}\sin bx\,dx$ とおき，部分積分法の公式を繰り返し用いると

$$\begin{aligned}I&=e^{ax}\left(-\frac{1}{b}\cos bx\right)-\int(e^{ax})'\left(-\frac{1}{b}\cos bx\right)dx\\&=-\frac{1}{b}e^{ax}\cos bx+\frac{a}{b}\int e^{ax}\cos bx\,dx\\&=-\frac{1}{b}e^{ax}\cos bx+\frac{a}{b}\left(\frac{1}{b}e^{ax}\sin bx-\frac{a}{b}\int e^{ax}\sin bx\,dx\right)\\&=-\frac{1}{b}e^{ax}\cos bx+\frac{a}{b^2}e^{ax}\sin bx-\frac{a^2}{b^2}I\end{aligned}$$

これから　$b^2I=-be^{ax}\cos bx+ae^{ax}\sin bx-a^2I$

よって　$I=\dfrac{e^{ax}}{a^2+b^2}(a\sin bx-b\cos bx)$　//

問・10 a, b を 0 でない定数とするとき，次の公式を証明せよ．

$$\int e^{ax}\cos bx\,dx=\frac{e^{ax}}{a^2+b^2}(a\cos bx+b\sin bx)$$

問・11 例題 10 と問 10 の公式を用いて，次の不定積分を求めよ．

(1) $\displaystyle\int e^{2x}\sin 3x\,dx$　　(2) $\displaystyle\int e^{3x}\cos 4x\,dx$

② 4 いろいろな関数の積分

▶▶分数関数

例題 11 次の不定積分を求めよ．

(1) $\displaystyle\int \frac{x^3}{x-1}\,dx$　　(2) $\displaystyle\int \frac{x}{(x+1)(x+2)}\,dx$

解 (1) 分子を分母で割ると，商が x^2+x+1，余りが1となるから

$$\frac{x^3}{x-1} = x^2+x+1+\frac{1}{x-1}$$

$$\therefore \int \frac{x^3}{x-1}\,dx = \int \left(x^2+x+1+\frac{1}{x-1}\right)dx$$

$$= \frac{1}{3}x^3+\frac{1}{2}x^2+x+\log|x-1|$$

(2) 部分分数に分解する．

$$\frac{x}{(x+1)(x+2)} = \frac{a}{x+1}+\frac{b}{x+2}$$

とおき，両辺に $(x+1)(x+2)$ を掛けると

$$x = a(x+2)+b(x+1)$$

$x=-1$ および $x=-2$ を代入すると

$$-1 = 1\cdot a,\ -2=(-1)b \quad すなわち \quad a=-1,\ b=2$$

$$\therefore \int \frac{x}{(x+1)(x+2)}\,dx = -\int \frac{dx}{x+1}+2\int\frac{dx}{x+2}$$

$$= -\log|x+1|+2\log|x+2|$$

$$= \log\frac{(x+2)^2}{|x+1|}$$

//

●注……部分分数分解については，本シリーズの新基礎数学 48 ページ参照．

問・12 次の不定積分を求めよ．

(1) $\displaystyle\int \frac{x^2+2}{x+1}\,dx$　　(2) $\displaystyle\int \frac{4x+1}{(x-2)(x+1)}\,dx$

問・13 次の問いに答えよ．

(1) 次の恒等式が成り立つように定数 a, b, c の値を定めよ．

$$\frac{1}{x^2(x+1)} = \frac{ax+b}{x^2} + \frac{c}{x+1}$$

(2) 不定積分 $\displaystyle\int \frac{dx}{x^2(x+1)}$ を求めよ．

問・14 次の公式を証明せよ．ただし，a は正の定数とする．

$$\boldsymbol{\int \frac{dx}{x^2-a^2} = \frac{1}{2a}\log\left|\frac{x-a}{x+a}\right|}$$

無理関数

例題 12 a が正の定数のとき，次の公式が成り立つことを証明せよ．

$$\boldsymbol{\int \sqrt{a^2-x^2}\,dx = \frac{1}{2}\left(x\sqrt{a^2-x^2} + a^2\sin^{-1}\frac{x}{a}\right)}$$

解 $I = \displaystyle\int \sqrt{a^2-x^2}\,dx$ とおき，部分積分法を用いると

$$\begin{aligned}
I &= \int 1\cdot\sqrt{a^2-x^2}\,dx \\
&= x\sqrt{a^2-x^2} - \int x(\sqrt{a^2-x^2})'\,dx \\
&= x\sqrt{a^2-x^2} - \int \frac{-x^2}{\sqrt{a^2-x^2}}\,dx \\
&= x\sqrt{a^2-x^2} - \int \frac{(a^2-x^2)-a^2}{\sqrt{a^2-x^2}}\,dx \\
&= x\sqrt{a^2-x^2} - \left(\int \sqrt{a^2-x^2}\,dx - \int \frac{a^2}{\sqrt{a^2-x^2}}\,dx\right)
\end{aligned}$$

97 ページの公式

$$= x\sqrt{a^2-x^2} - I + a^2\sin^{-1}\frac{x}{a}$$

これから　$2I = x\sqrt{a^2-x^2} + a^2\sin^{-1}\dfrac{x}{a}$

$$\therefore\quad I = \frac{1}{2}\left(x\sqrt{a^2-x^2} + a^2\sin^{-1}\frac{x}{a}\right)$$

//

問・15 Aを0でない定数とするとき，次の公式を証明せよ．

$$\int \sqrt{x^2+A}\,dx = \frac{1}{2}\left(x\sqrt{x^2+A} + A\log\left|x+\sqrt{x^2+A}\right|\right)$$

aを正の定数とする．閉区間$[-a,\ a]$で連続である関数$f(x)=\sqrt{a^2-x^2}$について，$\displaystyle\int_{-a}^{x}\sqrt{a^2-x^2}\,dx$を上端$x$の関数と考え，これを$F(x)$とおく．$F(x)$は$f(x)$の不定積分だから，例題12により，$-a<x<a$において

$$F(x)=\frac{1}{2}\left[x\sqrt{a^2-x^2}+a^2\sin^{-1}\frac{x}{a}\right]_{-a}^{x} \tag{1}$$

が成り立つが，$x\sqrt{a^2-x^2}$および$\sin^{-1}\dfrac{x}{a}$は閉区間$[-a,\ a]$で連続であることから，$F(x)$も閉区間$[-a,\ a]$で連続となることが証明される．このことから，(1)は$x=\pm a$でも成り立つことがわかる．

問・16 例題12の公式を用いて，定積分$\displaystyle\int_0^a\sqrt{a^2-x^2}\,dx$の値を求めよ．

例題 13 定積分$\displaystyle\int_1^2\sqrt{3+2x-x^2}\,dx$の値を求めよ．

解 $3+2x-x^2=-(x-1)^2+4$より

$$与式=\int_1^2\sqrt{4-(x-1)^2}\,dx$$

x	1	$\to$	2
t	0	$\to$	1

$x-1=t$とおくと，$dx=dt$であり，xとtの対応は表のようになるから

$$与式=\int_0^1\sqrt{4-t^2}\,dt=\frac{1}{2}\left[t\sqrt{4-t^2}+4\sin^{-1}\frac{t}{2}\right]_0^1$$

$$=\frac{\sqrt{3}}{2}+\frac{\pi}{3}$$ //

問・17 次の定積分の値を求めよ．

(1) $\displaystyle\int_0^1\sqrt{3-2x-x^2}\,dx$　　(2) $\displaystyle\int_2^3\sqrt{x^2-4x+5}\,dx$

▶三角関数

例題 14 次の不定積分を求めよ.

(1) $\displaystyle\int \sin 5x \cos 4x\, dx$　　(2) $\displaystyle\int \frac{dx}{\sin x}$

解 (1) 三角関数の積を和に直す公式を用いて

$$\sin 5x \cos 4x = \frac{1}{2}\{\sin(5x+4x)+\sin(5x-4x)\}$$
$$= \frac{1}{2}(\sin 9x + \sin x)$$
$$\int \sin 5x \cos 4x\, dx = \frac{1}{2}\int(\sin 9x + \sin x)\, dx$$
$$= \frac{1}{2}\left(-\frac{1}{9}\cos 9x - \cos x\right)$$
$$= -\frac{1}{18}\cos 9x - \frac{1}{2}\cos x$$

(2) $\displaystyle\int \frac{dx}{\sin x} = \int \frac{\sin x}{\sin^2 x}\, dx = \int \frac{\sin x}{1-\cos^2 x}\, dx$

$\cos x = t$ とおくと，$-\sin x\, dx = dt$ だから

$$与式 = \int \frac{-dt}{1-t^2} = \int \frac{1}{t^2-1}\, dt$$

111 ページ問 14

$$= \frac{1}{2}\log\left|\frac{t-1}{t+1}\right| = \frac{1}{2}\log\frac{1-\cos x}{1+\cos x}$$ //

●注…… $\displaystyle\frac{1}{t^2-1} = \frac{1}{2}\left(\frac{1}{t-1} - \frac{1}{t+1}\right)$ と部分分数分解して積分してもよい.

問・18 次の不定積分を求めよ.

(1) $\displaystyle\int \cos 3x \sin 2x\, dx$　　(2) $\displaystyle\int \cos 4x \cos 3x\, dx$

(3) $\displaystyle\int \sin 2x \sin 5x\, dx$　　(4) $\displaystyle\int \frac{dx}{\cos x}$

例題 15 $I_n = \int_0^{\frac{\pi}{2}} \sin^n x\,dx$（$n$ は 0 以上の整数）とするとき，次の公式を証明せよ．

$n \geqq 2$ のとき

$$\boldsymbol{I_n = \begin{cases} \dfrac{n-1}{n} \cdot \dfrac{n-3}{n-2} \cdot \cdots \cdot \dfrac{3}{4} \cdot \dfrac{1}{2} \cdot \dfrac{\pi}{2} & (n\text{ が偶数のとき}) \\ \dfrac{n-1}{n} \cdot \dfrac{n-3}{n-2} \cdot \cdots \cdot \dfrac{4}{5} \cdot \dfrac{2}{3} & (n\text{ が奇数のとき}) \end{cases}}$$

解 $n \geqq 2$ のとき

$$\begin{aligned} I_n &= \int_0^{\frac{\pi}{2}} \sin^n x\,dx = \int_0^{\frac{\pi}{2}} \sin^{n-1} x\,\sin x\,dx \\ &= \Big[\sin^{n-1} x\,(-\cos x)\Big]_0^{\frac{\pi}{2}} + \int_0^{\frac{\pi}{2}} (\sin^{n-1} x)' \cos x\,dx \\ &= (n-1)\int_0^{\frac{\pi}{2}} \sin^{n-2} x\,\cos^2 x\,dx \\ &= (n-1)\int_0^{\frac{\pi}{2}} \sin^{n-2} x\,(1-\sin^2 x)\,dx \\ &= (n-1)\int_0^{\frac{\pi}{2}} \sin^{n-2} x\,dx - (n-1)\int_0^{\frac{\pi}{2}} \sin^n x\,dx \\ &= (n-1)I_{n-2} - (n-1)\,I_n \end{aligned}$$

これから　$I_n = \dfrac{n-1}{n} I_{n-2}$

n が偶数のときは

$$\begin{aligned} I_n &= \frac{n-1}{n} I_{n-2} = \frac{n-1}{n} \cdot \frac{n-3}{n-2} I_{n-4} \\ &= \cdots = \frac{n-1}{n} \cdot \frac{n-3}{n-2} \cdot \cdots \cdot \frac{3}{4} \cdot \frac{1}{2} I_0 \end{aligned}$$

n が奇数のときも同様にして

$$I_n = \frac{n-1}{n} \cdot \frac{n-3}{n-2} \cdot \cdots \cdot \frac{4}{5} \cdot \frac{2}{3} I_1$$

ここで $I_0 = \int_0^{\frac{\pi}{2}} dx = \frac{\pi}{2}$, $I_1 = \int_0^{\frac{\pi}{2}} \sin x\, dx = \Big[-\cos x\Big]_0^{\frac{\pi}{2}} = 1$

したがって，公式が成り立つ． //

例 2

$$\int_0^{\frac{\pi}{2}} \sin^4 x\, dx = \frac{3}{4}\cdot\frac{1}{2}\cdot\frac{\pi}{2} = \frac{3}{16}\pi$$

$$\int_0^{\frac{\pi}{2}} \sin^5 x\, dx = \frac{4}{5}\cdot\frac{2}{3} = \frac{8}{15}$$

例題 16 n を 0 以上の整数とするとき，次の等式を証明せよ．

$$\int_0^{\frac{\pi}{2}} \cos^n x\, dx = \int_0^{\frac{\pi}{2}} \sin^n x\, dx$$

解 $\cos x = \sin\left(\frac{\pi}{2} - x\right)$ だから

$$左辺 = \int_0^{\frac{\pi}{2}} \cos^n x\, dx = \int_0^{\frac{\pi}{2}} \sin^n\left(\frac{\pi}{2} - x\right) dx$$

ここで，$\frac{\pi}{2} - x = t$ とおくと，$dx = -dt$

また，x と t との対応は表のようになるから

x	$0 \to \frac{\pi}{2}$
t	$\frac{\pi}{2} \to 0$

$$左辺 = -\int_{\frac{\pi}{2}}^0 \sin^n t\, dt = \int_0^{\frac{\pi}{2}} \sin^n t\, dt$$

$$= \int_0^{\frac{\pi}{2}} \sin^n x\, dx = 右辺$$ //

例 3

$$\int_0^{\frac{\pi}{2}} \cos^5 x\, dx = \int_0^{\frac{\pi}{2}} \sin^5 x\, dx = \frac{8}{15}$$

また，$y = \cos^6 x$ は偶関数だから

$$\int_{-\frac{\pi}{2}}^{\frac{\pi}{2}} \cos^6 x\, dx = 2\int_0^{\frac{\pi}{2}} \cos^6 x\, dx = 2\int_0^{\frac{\pi}{2}} \sin^6 x\, dx = \frac{5}{16}\pi$$

問・19 次の定積分の値を求めよ．

(1) $\int_0^{\frac{\pi}{2}} \cos^7 x\, dx$　　(2) $\int_0^{\frac{\pi}{2}} \sin^4 x \cos^2 x\, dx$

区分求積法と微分積分学の基本定理

図形の面積を求めるときに，小さい部分に分けて面積を求め，それを足し合わせるということをする．その小さい部分について，長方形などの計算しやすい図形の面積で近似すれば，求めたい面積の近似値が得られる．分け方をどんどん細かくしていくときに，この近似値がある値に近づいていくならば，その極限値が求める面積になる．このようにして面積を求める方法を区分求積法という．

この章の1・2で見たように，$f(x) \geqq 0$ である関数 $y=f(x)$ のグラフと2直線 $x=a$，$x=b$ および x 軸で囲まれる図形の面積を求める場合，近似値は $\sum_{k=1}^{n} f(x_k)\Delta x_k$ となり，細かくしていったときの極限値を表すものが $\int_a^b f(x)\,dx$ である．$\int$ はライプニッツが使い始めた記号で，S を変形させたものである．$\sum$ が S に対応するギリシャ文字であり，Δ が d に対応するギリシャ文字であることを考えると，$\sum_{k=1}^{n} f(x_k)\Delta x_k$ と $\int_a^b f(x)\,dx$ はとても似た形をしていると言える．

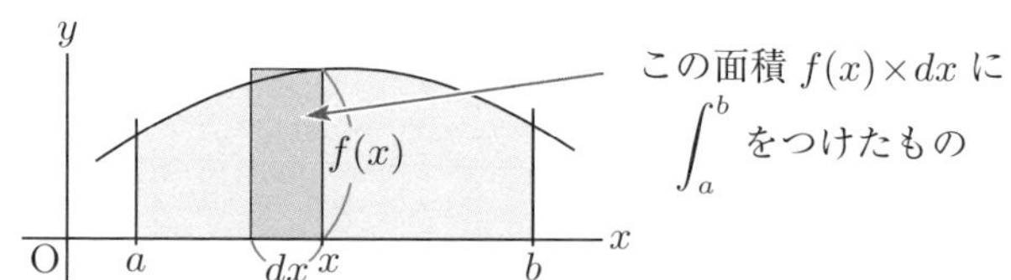

区分求積法は古くからあるとても自然な考え方だが，実際に極限値を求めることは簡単ではない．

17世紀になってニュートンとライプニッツが独立して積分法の原理を考え，微分積分学の基本定理の発見によって，このような図形の面積は微分の逆演算である不定積分，すなわち，微分して $f(x)$ になる関数 $F(x)$ を用いて求めることができるようになったのである．

練習問題 2・A

1. 次の不定積分を求めよ．

(1) $\displaystyle\int \frac{x}{x^2+4}\,dx$　　(2) $\displaystyle\int \frac{(\log x)^2}{x}\,dx$

(3) $\displaystyle\int (1+\sin^4 x)\cos x\,dx$　　(4) $\displaystyle\int \frac{x}{\sqrt{9-x^2}}\,dx$

(5) $\displaystyle\int (2x+1)\cos 2x\,dx$　　(6) $\displaystyle\int x^2 e^{-x}\,dx$

2. 次の不定積分を求めよ．

(1) $\displaystyle\int \sin^2 x\,dx$　　(2) $\displaystyle\int \sin^3 x\,dx$

3. 次の定積分の値を求めよ．

(1) $\displaystyle\int_0^1 (e^x-e^{-x})^2(e^x+e^{-x})\,dx$　　(2) $\displaystyle\int_1^e 2x(\log x)^2\,dx$

(3) $\displaystyle\int_0^1 x^3 e^x\,dx$　　(4) $\displaystyle\int_0^{\sqrt{2}} \frac{1+3x}{\sqrt{4-x^2}}\,dx$

4. $x-3=t$ とおくことにより，$\displaystyle\int_3^5 \frac{dx}{x^2-6x+13}$ を求めよ．

5. (　) 内の置換により，次の定積分を計算せよ．ただし，a は正の定数とする．

(1) $\displaystyle\int_0^{\frac{a}{2}} \frac{dx}{\sqrt{a^2-x^2}}$　$(x=a\sin t)$　　(2) $\displaystyle\int_0^{\sqrt{3}a} \frac{dx}{(a^2+x^2)^2}$　$(x=a\tan t)$

6. m, n を正の整数とするとき，次の等式を証明せよ．

$$\int_{-\pi}^{\pi} \cos mx\,\cos nx\,dx = \begin{cases} 0 & (m \neq n \text{ のとき}) \\ \pi & (m = n \text{ のとき}) \end{cases}$$

練習問題 2・B

1. 次の不定積分を求めよ．

(1) $\displaystyle\int \sin^5 x\,dx$　　(2) $\displaystyle\int \frac{dx}{1-\sin x}$

(3) $\displaystyle\int \frac{2x+5}{x^2+2x+2}\,dx$　　(4) $\displaystyle\int x\log(x-1)\,dx$

2. 次の定積分の値を求めよ．

(1) $\displaystyle\int_0^{\pi} \frac{\sin x}{1+\cos^2 x}\,dx$　(2) $\displaystyle\int_{\frac{\pi}{2}}^{\frac{2\pi}{3}} \sqrt{1+\cos x}\,dx$　(3) $\displaystyle\int_0^{\frac{\pi}{4}} \tan^3 x\,dx$

3. 次の問いに答えよ．

(1) 次の等式が成り立つように，定数 a，b，c，d の値を定めよ．

$$\frac{x^2+x+4}{x(x+1)(x-1)^2} = \frac{a}{x} + \frac{b}{x+1} + \frac{c}{x-1} + \frac{d}{(x-1)^2}$$

(2) 不定積分 $\displaystyle\int \frac{x^2+x+4}{x(x+1)(x-1)^2}\,dx$ を求めよ．

4. $x = \dfrac{e^t - e^{-t}}{2}$ とおくことにより，次の等式が成り立つことを示せ．

$$\int \frac{dx}{\sqrt{x^2+1}} = \log(x+\sqrt{x^2+1})$$

5. 次の問いに答えよ．

(1) $\sin(\pi - x) = \sin x$ を用いて次の等式を証明せよ．

$$\int_{\frac{\pi}{2}}^{\pi} \sin^n x\,dx = \int_0^{\frac{\pi}{2}} \sin^n x\,dx \qquad (n\text{ は正の整数})$$

(2) $\displaystyle\int_0^{\pi} \sin^7 x\,dx$ の値を求めよ．

6. $I_n = \displaystyle\int (\log x)^n\,dx$ (n は 0 以上の整数) とおくとき

$$I_n = x(\log x)^n - nI_{n-1} \qquad (n \geqq 1)$$

が成り立つことを証明し，それを用いて $\displaystyle\int (\log x)^3\,dx$ を計算せよ．

4章 積分の応用

半径が 1 の円柱どうしが原点を中心に直角に交わるとき，共通部分の体積 V を求める．

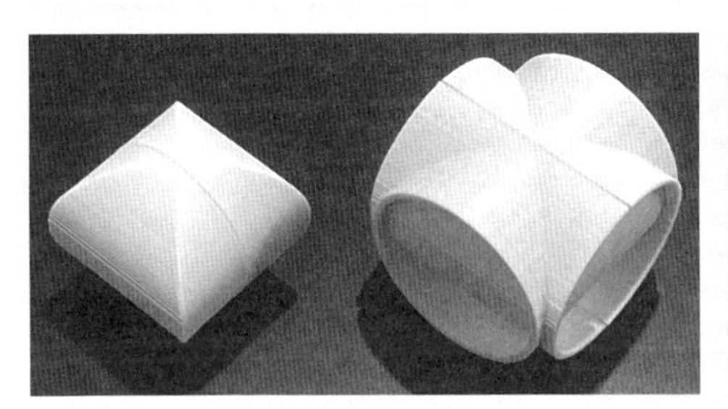

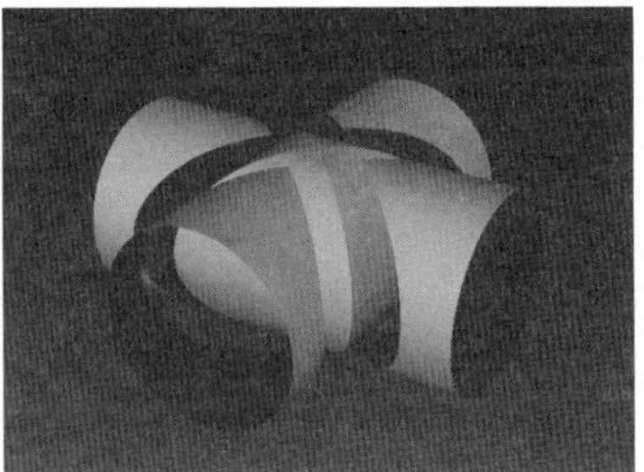

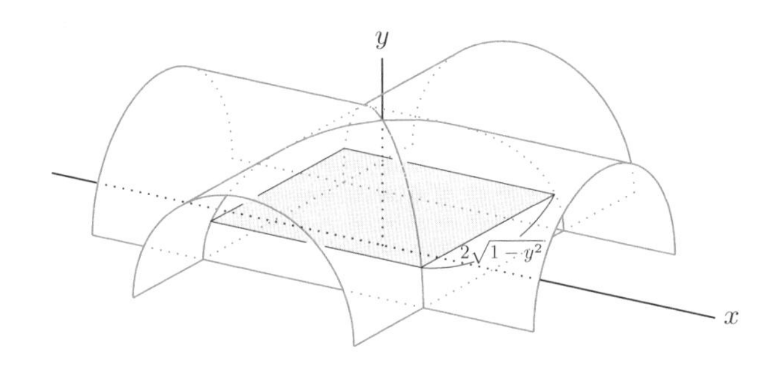

高さ y の平面で切ると，1 辺 $2\sqrt{1-y^2}$ の正方形ができるから

$$V = 2\int_0^1 4(1-y^2)\,dy = \frac{16}{3}$$

●この章を学ぶために

前章で，定積分が次のように定義されることを学んだ．

$$\int_a^b f(x)\,dx = \lim_{\Delta x_k \to 0} \sum_{k=1}^{n} f(x_k)\Delta x_k$$

このことから，定積分によっていろいろな量を計算することができる．1節では，2曲線で囲まれた図形の面積，曲線の長さ，体積を計算することを学ぶ．また，2節では，媒介変数および極座標で表される図形について，面積や体積の計算方法を学ぶ．さらに，積分する区間に関数が定義されない点を含む場合や区間自体が無限になる場合の積分（広義積分という），および微分によって関係式が与えられている関数を求めることを学ぶ．

1 面積・曲線の長さ・体積

1 1 図形の面積

関数 $y = f(x)$ と $y = g(x)$ が区間 $[a,\ b]$ で連続であるとき，2曲線 $y = f(x)$, $y = g(x)$ と2直線 $x = a$, $x = b$ で囲まれた図形の面積 S を求めよう．まず，区間 $[a,\ b]$ で $f(x) \geqq g(x) \geqq 0$ である場合を考える．

この区間で曲線 $y = f(x)$, $y = g(x)$ の各々と x 軸で挟まれた部分の面積をそれぞれ S_1, S_2 とおくと

$$S_1 = \int_a^b f(x)dx, \quad S_2 = \int_a^b g(x)dx$$

$S_1 = S + S_2$ だから

$$\begin{aligned} S &= S_1 - S_2 \\ &= \int_a^b f(x)dx - \int_a^b g(x)dx \\ &= \int_a^b \{f(x) - g(x)\}dx \end{aligned}$$

が成り立つ．

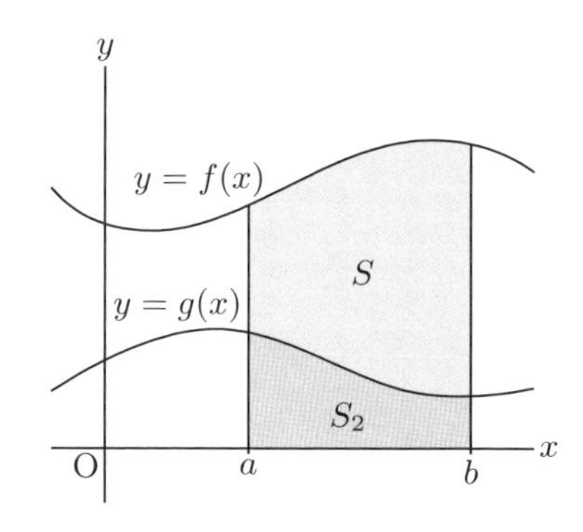

次に，区間 $[a,\ b]$ で $f(x) \geqq g(x)$ であるが，$f(x) \geqq 0,\ g(x) \geqq 0$ とは限らない場合について考えよう．

区間内のすべての点で $g(x) + c \geqq 0$ が成り立つように正の数 c をとり

$$f_1(x) = f(x) + c, \quad g_1(x) = g(x) + c$$

とおく．このとき，求める面積 S は，2 曲線 $y = f_1(x)$，$y = g_1(x)$ と 2 直線 $x = a$，$x = b$ で囲まれた図形の面積と等しく，次の不等式が成り立つ．

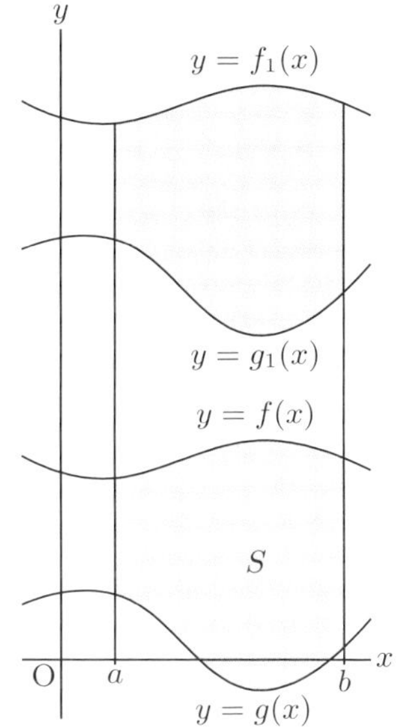

$$f_1(x) \geqq g_1(x) \geqq 0$$

したがって，先に述べたことにより

$$S = \int_a^b \{f_1(x) - g_1(x)\}\,dx$$

$$= \int_a^b \{f(x) - g(x)\}\,dx$$

また，区間 $[a,\ b]$ で $f(x) \leqq g(x)$ である場合は

$$S = \int_a^b \{g(x) - f(x)\}\,dx$$

となることがわかる．

以上をまとめて，次の公式が得られる．

2 曲線と 2 直線で囲まれた図形の面積

関数 $f(x)$，$g(x)$ が区間 $[a,\ b]$ で連続であるとき，2 曲線 $y = f(x)$，$y = g(x)$ と 2 直線 $x = a,\ x = b$ で囲まれた図形の面積 S は

$f(x) \geqq g(x)$ のとき　$S = \displaystyle\int_a^b \{f(x) - g(x)\}\,dx$

$g(x) \geqq f(x)$ のとき　$S = \displaystyle\int_a^b \{g(x) - f(x)\}\,dx$

例題 1 2曲線 $y = x^2 - 1$, $y = -x^2 + 2x + 3$ で囲まれた図形の面積 S を求めよ．

解 2曲線の共有点の x 座標は　$x = -1,\ 2$

$-1 \leqq x \leqq 2$ のとき　$-x^2 + 2x + 3 \geqq x^2 - 1$

したがって

$$S = \int_{-1}^{2} \left\{\left(-x^2 + 2x + 3\right) - \left(x^2 - 1\right)\right\} dx$$

$$= \int_{-1}^{2} \left(-2x^2 + 2x + 4\right) dx$$

$$= \left[-\frac{2}{3}x^3 + x^2 + 4x\right]_{-1}^{2} = 9$$

//

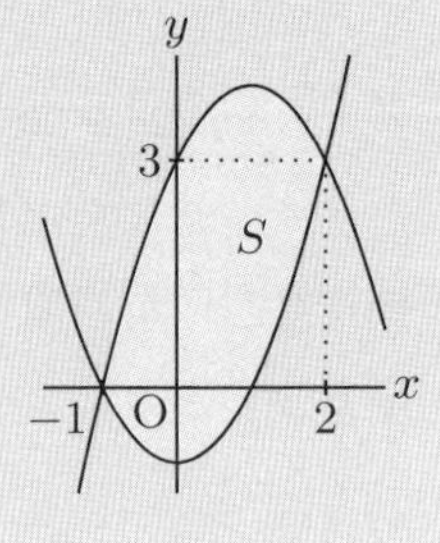

問・1 次の図形の面積を求めよ．

(1) 曲線 $y = x^2$ と直線 $y = x + 2$ で囲まれた図形

(2) 2点 $(4,\ 2)$, $(0,\ -2)$ を通る直線と曲線 $y = \sqrt{x}$ および y 軸で囲まれた図形

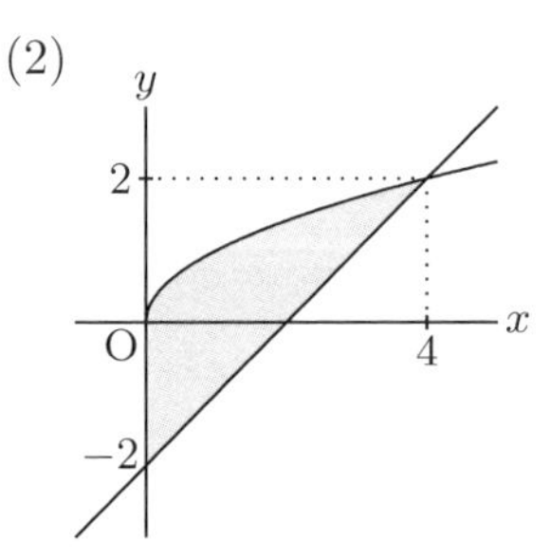

121ページの公式は，$f(x)$, $g(x)$ の大小関係によらず，絶対値を用いて次のように書くことができる．

$$S = \int_{a}^{b} \left|f(x) - g(x)\right| dx \qquad (1)$$

また，区間の途中で $f(x)$ と $g(x)$ の大小関係が変わる場合，例えば

$$a < x < c \text{ のとき } f(x) > g(x),\quad c < x < b \text{ のとき } f(x) < g(x)$$

である場合は，次のように (1) の絶対値を外して計算すればよい．

$$S = \int_a^c \{f(x) - g(x)\}dx + \int_c^b \{g(x) - f(x)\}dx$$

例題 2 2 曲線 $y = \sin x$, $y = \cos x$ $(0 \leqq x \leqq \pi)$ と 2 直線 $x = 0$, $x = \pi$ で囲まれた図形の面積 S を求めよ．

解 $0 < x < \dfrac{\pi}{4}$ のとき　$\cos x > \sin x$

$\dfrac{\pi}{4} < x < \pi$ のとき　$\sin x > \cos x$

$$S = \int_0^{\frac{\pi}{4}} (\cos x - \sin x)\,dx + \int_{\frac{\pi}{4}}^{\pi} (\sin x - \cos x)\,dx$$

$$= \Big[\sin x + \cos x\Big]_0^{\frac{\pi}{4}} + \Big[-\cos x - \sin x\Big]_{\frac{\pi}{4}}^{\pi} = 2\sqrt{2}$$ //

問・2 次の図形の面積を求めよ．

(1) 2 曲線 $y = x^2$, $y = -x^2 + 2$ $(0 \leqq x \leqq 2)$ と 2 直線 $x = 0$, $x = 2$ で囲まれた図形

(2) 曲線 $y = \dfrac{2}{x}$ と 3 直線 $y = x - 1$, $x = 1$, $x = 4$ で囲まれた図形

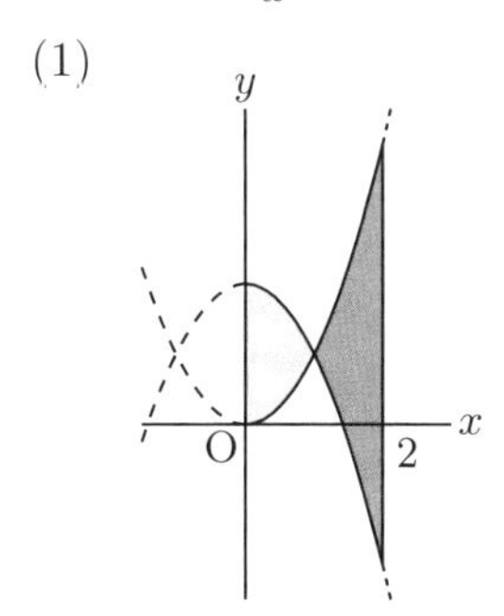

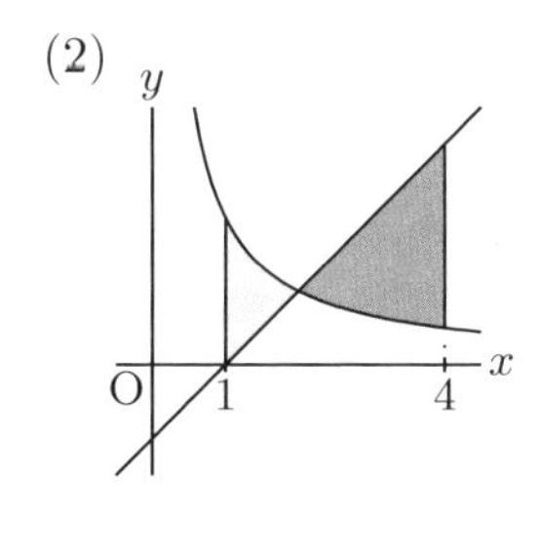

12 曲線の長さ

座標平面上で2点 A, B を結ぶ曲線 C を考える．この曲線を n 個に分割し，その分点を順に $A = A_0$, A_1, A_2, $\cdots$, $A_n = B$ とする．

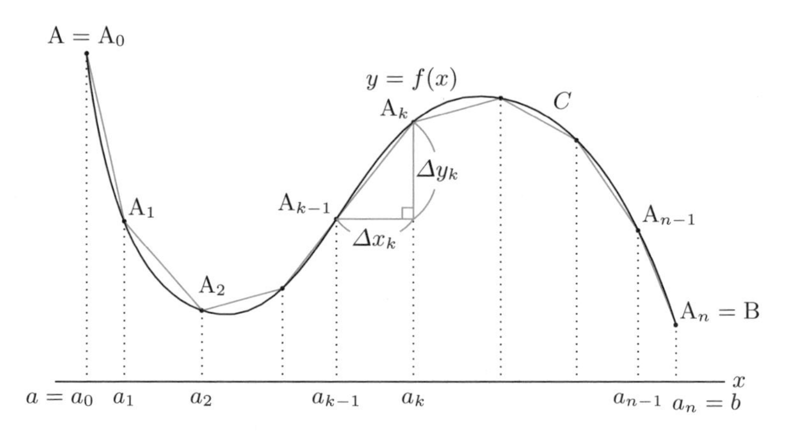

線分 $A_{k-1}A_k$ の長さがすべて 0 に近づくように分割の数 n を限りなく大きくするとき，折れ線の長さの総和

$$\sum_{k=1}^{n} A_{k-1}A_k$$

の極限値 l が存在するならば，この l を**曲線 C の長さ**と定義する．

曲線 C が方程式 $y = f(x)$ $(a \leqq x \leqq b)$ で表され，$f'(x)$ が区間 $[a, b]$ で連続であるとき，曲線 C の長さ l を求める公式を導こう．

分点 A_k の座標を $\bigl(a_k, f(a_k)\bigr)$ $(k = 0, 1, \cdots, n)$ とし，

$$\Delta x_k = a_k - a_{k-1},\ \Delta y_k = f(a_k) - f(a_{k-1}) \quad (k = 1, 2, \cdots, n)$$

とおくと

$$A_{k-1}A_k = \sqrt{\left(\Delta x_k\right)^2 + \left(\Delta y_k\right)^2} = \sqrt{1 + \left(\frac{\Delta y_k}{\Delta x_k}\right)^2}\,\Delta x_k$$

ところで，74ページの微分法における平均値の定理によると

$$\frac{\Delta y_k}{\Delta x_k} = \frac{f(a_k) - f(a_{k-1})}{a_k - a_{k-1}} = f'(x_k), \quad a_{k-1} < x_k < a_k$$

を満たす x_k が存在する．

したがって

$$\mathrm{A}_{k-1}\mathrm{A}_k = \sqrt{1+\{f'(x_k)\}^2}\,\Delta x_k \quad (k=1,\ 2,\ \cdots,\ n)$$

これから，折れ線 $\mathrm{A}_0\mathrm{A}_1\mathrm{A}_2\cdots\mathrm{A}_{n-1}\mathrm{A}_n$ の長さは次のようになる．

$$\sum_{k=1}^{n}\sqrt{1+\{f'(x_k)\}^2}\,\Delta x_k \tag{1}$$

すべての k に対して $\mathrm{A}_{k-1}\mathrm{A}_k \to 0$ となるように分割の数 n を限りなく大きくするとき，$\Delta x_k \to 0$ となり，(1) の極限値は，曲線の長さに等しくなる．

よって，定積分の定義から，l は次のようになる．

$$l = \lim_{\Delta x_k \to 0}\sum_{k=1}^{n}\sqrt{1+\{f'(x_k)\}^2}\,\Delta x_k = \int_a^b \sqrt{1+\{f'(x)\}^2}\,dx$$

●曲線の長さ

曲線 $y=f(x)$ $(a \leqq x \leqq b)$ の長さ l は

$$l = \int_a^b \sqrt{1+\{f'(x)\}^2}\,dx = \int_a^b \sqrt{1+(y')^2}\,dx$$

例題 3　次の曲線の長さ l を求めよ．

$$y = \frac{e^x+e^{-x}}{2} \quad (-1 \leqq x \leqq 1)$$

解　$y' = \dfrac{e^x-e^{-x}}{2}$ だから

$$1+(y')^2 = 1+\frac{1}{4}(e^{2x}-2+e^{-2x}) = \frac{1}{4}(e^{2x}+2+e^{-2x}) = \frac{1}{4}(e^x+e^{-x})^2$$

$y = \dfrac{e^x+e^{-x}}{2}$

$$\therefore\quad l = \int_{-1}^{1}\sqrt{1+(y')^2}\,dx = \int_{-1}^{1}\frac{1}{2}(e^x+e^{-x})\,dx$$

$$= 2\int_0^1 \frac{1}{2}(e^x+e^{-x})\,dx = \Big[e^x-e^{-x}\Big]_0^1 = e-\frac{1}{e}$$

//

●**注**…ロープや電線などの両端を固定してつるしたときにできる曲線を**カテナリー**（**懸垂線**）という．例題3の曲線はカテナリーの1つである．

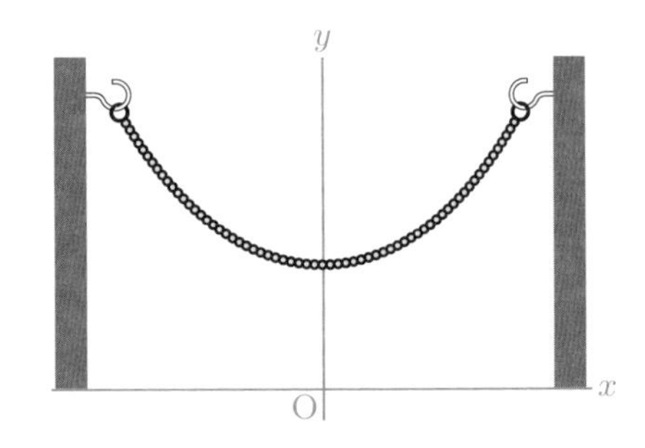

問・3　カテナリー

$$y = \frac{e^{2x} + e^{-2x}}{4} \ (-1 \leqq x \leqq 1)$$

の長さを求めよ．

問・4　半径 r の円弧 $y = \sqrt{r^2 - x^2}$ $\left(-\frac{r}{2} \leqq x \leqq \frac{r}{2}\right)$ の長さを求めよ．

1 3　立体の体積

x 軸上の点 x を通り，x 軸に垂直な平面による切り口の面積が $S(x)$ であるような立体があるとき，この立体の2つの平面 $x = a$, $x = b$ $(a < b)$ で挟まれた部分の体積 V を求めよう．

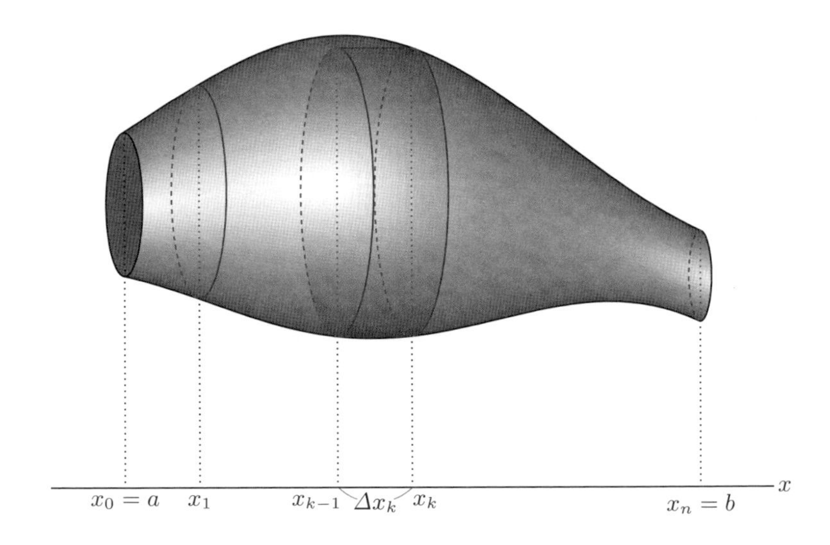

区間 $[a,\ b]$ を n 個の小区間に分ける分点を

$$a = x_0,\ x_1,\ x_2,\ \cdots,\ x_{n-1},\ x_n = b$$

とする．2 つの平面 $x = x_{k-1}$，$x = x_k$ によって切り取られる立体の部分の体積は，$\Delta x_k = x_k - x_{k-1}$ を十分小さくとれば，$S(x_k)\Delta x_k$ で近似することができる．これらの総和をとり，$\Delta x_k \to 0$ としたときのその極限値が，この立体の体積 V と考えられる．したがって，定積分の定義から

$$V = \lim_{\Delta x_k \to 0} \sum_{k=1}^{n} S(x_k)\Delta x_k = \int_a^b S(x)\,dx$$

これから，次の公式が成り立つ．

立体の体積

x 軸上の点 x を通り x 軸に垂直な平面による切り口の面積が $S(x)$ である立体の平面 $x = a$，$x = b$ $(a < b)$ の間の部分の体積 V は

$$V = \int_a^b S(x)\,dx$$

例題 4 底面が 1 辺の長さ a の正方形で，高さが h の正四角錐の体積 V を求めよ．

解 正四角錐を図のようにおく．点 x $(0 < x < h)$ で x 軸に垂直に切ったときの切り口は，1 辺が $\dfrac{a}{h}x$ の正方形で面積は $\left(\dfrac{a}{h}x\right)^2$ である．

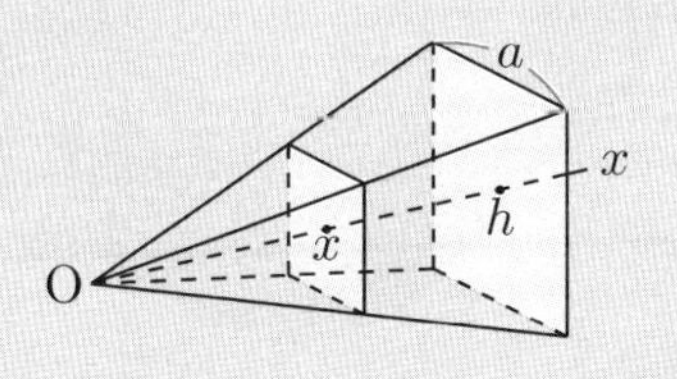

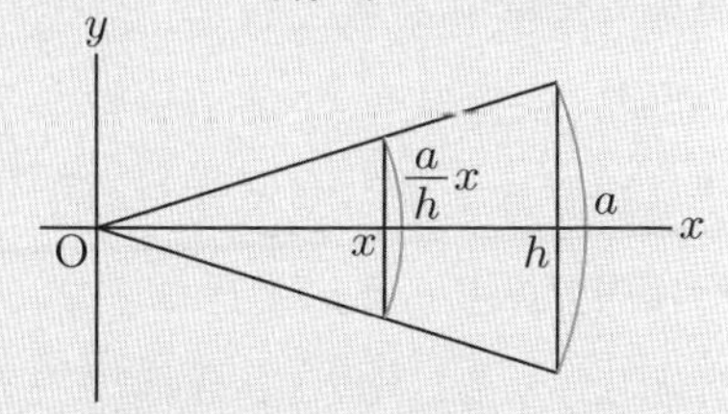

$$\therefore\quad V = \int_0^h \frac{a^2}{h^2}x^2\,dx = \frac{a^2}{h^2}\left[\frac{1}{3}x^3\right]_0^h = \frac{1}{3}a^2h \qquad //$$

問・5 半径 r の直円柱がある．この円柱を，底面の直径 AB を通り底面と $\dfrac{\pi}{4}$ の角をなす平面で切るとき，底面と平面の間の部分の体積 V を求めよ．

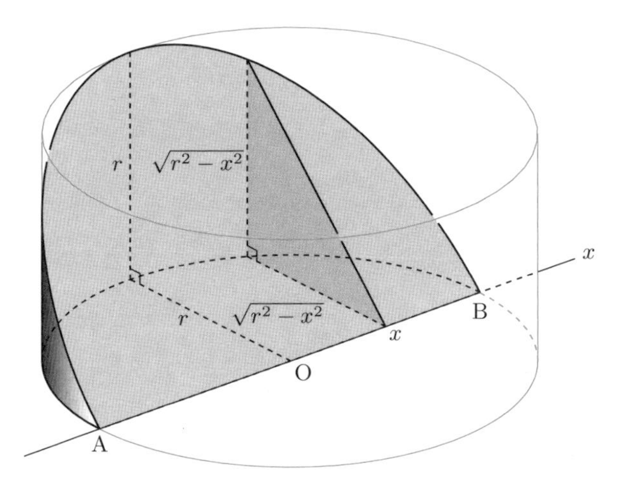

次に，関数 $f(x)$ が区間 $[a,\ b]$ で連続で $f(x) \geqq 0$ のとき，曲線 $y = f(x)$ と x 軸および2直線 $x = a$, $x = b$ で囲まれた図形を x 軸のまわりに回転してできる回転体の体積 V を考える．

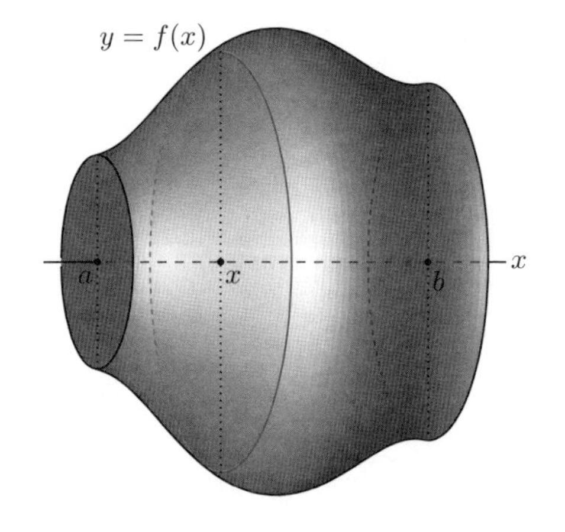

区間 $[a,\ b]$ の点 x を通り x 軸に垂直な平面で切ったときの切り口は円であり，その半径は $f(x)$ に等しいから，切り口の面積は

$$S(x) = \pi\{f(x)\}^2$$

したがって，次の公式が得られる．

●回転体の体積

曲線 $y=f(x)$ と x 軸および 2 直線 $x=a,\ x=b\ (a<b)$ で囲まれた図形を x 軸のまわりに回転してできる回転体の体積 V は

$$V=\pi\int_a^b\{f(x)\}^2\,dx=\pi\int_a^b y^2\,dx$$

例題 5 半径 r の球の体積 V は次の公式で求められることを証明せよ.

$$V=\frac{4}{3}\pi r^3$$

解 xy 平面上で, 原点を中心とする半径 r の円の方程式は

$$x^2+y^2=r^2$$

y について解くと

$$y=\pm\sqrt{r^2-x^2}$$

この円の上半分 $y=\sqrt{r^2-x^2}$ と x 軸で囲まれた図形を x 軸のまわりに回転すると半径 r の球が得られる.

$$\therefore\quad V=\pi\int_{-r}^{r}\left(\sqrt{r^2-x^2}\right)^2dx$$

$$=2\pi\int_0^r(r^2-x^2)\,dx=2\pi\left[r^2x-\frac{1}{3}x^3\right]_0^r=\frac{4}{3}\pi r^3 \quad //$$

問・6 次の図形を x 軸のまわりに回転してできる回転体の体積を求めよ.

(1) 曲線 $y=\dfrac{1}{2}x^2$ と x 軸および直線 $x=2$ で囲まれた図形

(2) 曲線 $y=\sin x\ (0\leqq x\leqq\pi)$ と x 軸で囲まれた図形

(3) 直線 $y=\dfrac{r}{h}x$ と x 軸および直線 $x=h$ で囲まれた図形

($r,\ h$ は正の定数)

練習問題 1・A

1. 次の図形の面積を求めよ.

(1) 2 つの放物線 $y = x^2 - 4x + 3$, $y = -x^2 + 3$ で囲まれた図形

(2) 曲線 $y = \dfrac{1}{3}x^3$ と直線 $y = 3x$ で囲まれた図形

2. 曲線 $y = \sqrt{x}$ について, 次の問いに答えよ.

(1) 曲線上の点 $(1,\ 1)$ における接線の方程式を求めよ.

(2) 曲線と (1) の接線および y 軸で囲まれた部分の面積を求めよ.

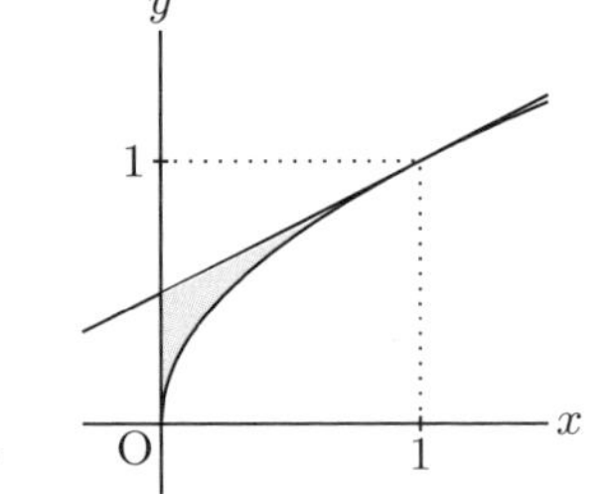

3. 曲線 $y = \dfrac{2}{3}x\sqrt{x}$ $(0 \leqq x \leqq 1)$ の長さを求めよ.

4. x 軸上の点 x $(0 < x < 1)$ で x 軸に垂直な平面で切ったときの切り口が半径 $x(1-x)$ の半円である立体の体積を求めよ.

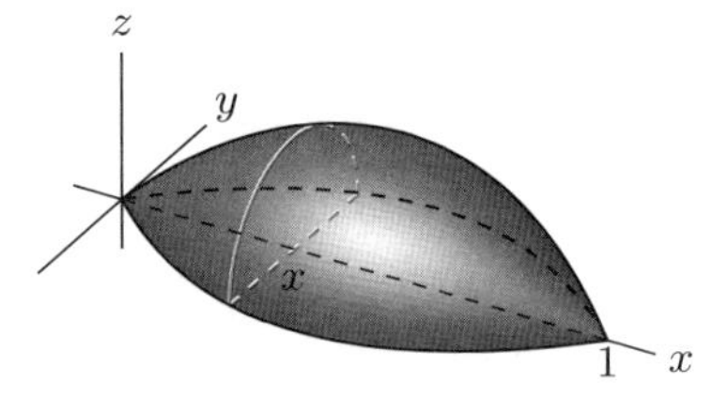

5. 次の図形を x 軸のまわりに回転してできる回転体の体積を求めよ.

(1) 曲線 $y = e^{2x}$ と両座標軸および直線 $x = 1$ で囲まれた図形

(2) 曲線 $y = \dfrac{e^x + e^{-x}}{2}$ と x 軸および直線 $x = -2$ と $x = 2$ で囲まれた図形

6. 次の図形を x 軸のまわりに回転してできる回転体の体積を求めよ. ただし, a, b, h, r は正の定数とする.

(1) 楕円 $\dfrac{x^2}{a^2} + \dfrac{y^2}{b^2} = 1$

(2) 直線 $y = r - \dfrac{r}{h}x$ と x 軸および y 軸で囲まれた図形

練習問題 1・B

1. 曲線 $y = x^2 - x$ 上の点 $(0,\ 0)$, $(2,\ 2)$ のそれぞれにおいて接線を引くとき，これらの接線と曲線で囲まれた図形の面積を求めよ．

2. 次の曲線の長さを求めよ．

(1) $y = \dfrac{1}{2}x^2 - \dfrac{1}{4}\log x \quad (1 \leqq x \leqq 2)$

(2) $y = \dfrac{1}{2}x^2 \quad (0 \leqq x \leqq 2)$

(3) $y = \dfrac{1}{6}\sqrt{x}\,(4x - 3) \quad (1 \leqq x \leqq 4)$

3. 半径 a の円の 1 つの直径を AB とする．AB 上の点 P を通り AB に垂直な弦を底辺とする直角二等辺三角形 CDE を AB に垂直な平面上につくる．P が A から B まで移動するとき，この三角形が描く立体の体積を求めよ．

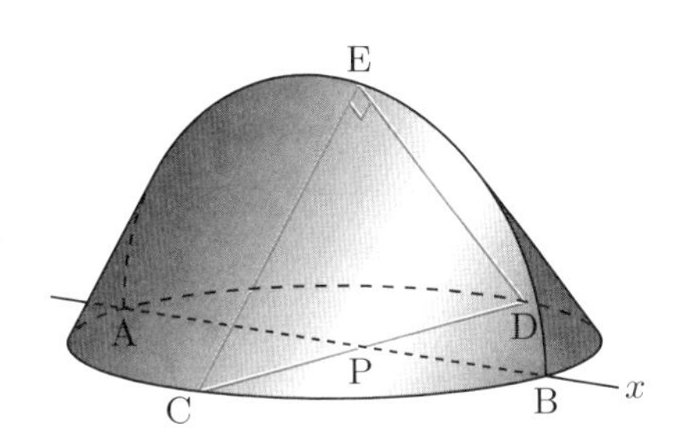

4. 放物線 $y = x^2$ と直線 $y = x$ で囲まれた図形を x 軸のまわりに回転してできる立体の体積を求めよ．

5. 円 $x^2 + (y - b)^2 = a^2$ の内部を x 軸のまわりに回転してできる回転体の体積を求めよ．ただし，a, b は定数で，$0 < a < b$ とする．

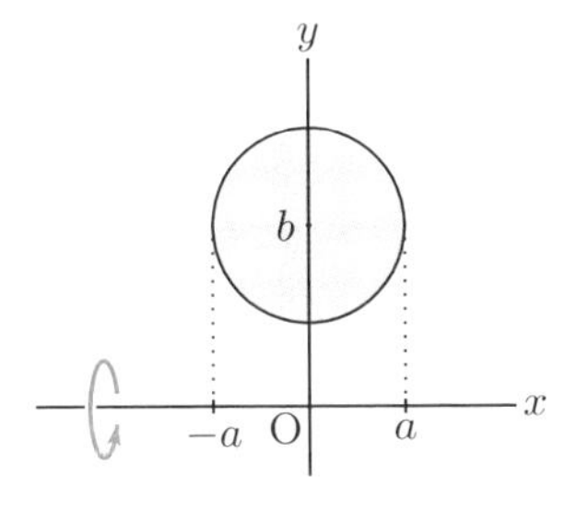

6. 半径 r の半球形の容器に水が満たされている．この容器を静かに $\dfrac{\pi}{6}$ だけ傾けたとき，流れ出る水の量を求めよ．

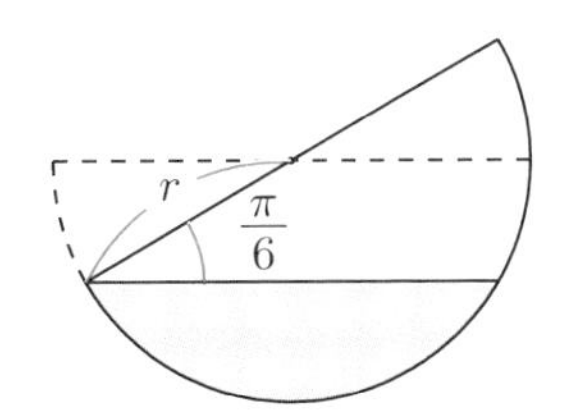

2 いろいろな応用

2-1 媒介変数表示による図形

曲線 C は媒介変数表示

$$x = f(t),\ y = g(t) \qquad (\alpha \leqq t \leqq \beta) \tag{1}$$

で表され，区間 $[\alpha,\ \beta]$ で $g(t)$，$f'(t)$ は連続で，区間 $(\alpha,\ \beta)$ で $f'(t)$ の符号が一定とする．このとき，関数 $f(t)$ は区間 $[\alpha,\ \beta]$ で単調に増加または減少するから，逆関数 $t = f^{-1}(x)$ をもち，$y = g\bigl(f^{-1}(x)\bigr)$ は x の関数である．

$f'(t) > 0$ の場合を考えると，$f(t)$ は単調に増加するから

$$f(\alpha) = a,\ f(\beta) = b$$

とおくと，$a < b$ である．

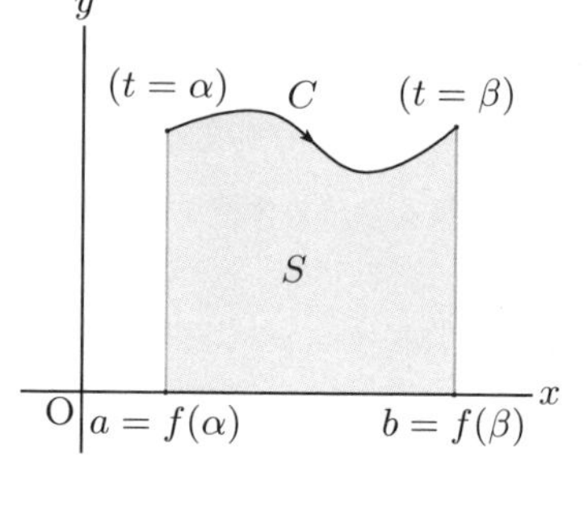

したがって，曲線 C と x 軸および2直線 $x = a,\ x = b$ で囲まれた図形の面積 S は，次の式で与えられる．

$$S = \int_a^b |y|\,dx$$

$x = a$ のとき $t = \alpha$，$x = b$ のとき $t = \beta$ であり，$dx = f'(t)dt$ だから，置換積分法の公式より

$$S = \int_\alpha^\beta |g(t)|f'(t)\,dt \tag{2}$$

$f'(t) < 0$ のときは，$f(t)$ は単調に減少し，$a > b$ となるから

$$S = \int_b^a |y|\,dx$$

$$= \int_\beta^\alpha |g(t)|f'(t)\,dt$$

$$= \int_\alpha^\beta |g(t)|\{-f'(t)\}\,dt \tag{3}$$

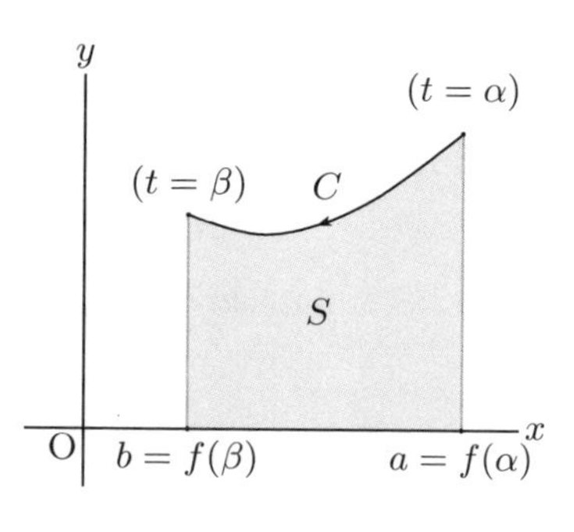

(2), (3) をまとめて，次の公式が得られる．

媒介変数表示による図形の面積

曲線 $x = f(t)$, $y = g(t)$ と x 軸および 2 直線 $x = a$, $x = b$ で囲まれた図形の面積 S は

$$S = \int_{\alpha}^{\beta} |g(t)f'(t)|\,dt = \int_{\alpha}^{\beta} \left| y\frac{dx}{dt} \right| dt$$

ただし，$a = f(\alpha)$, $b = f(\beta)$ で，区間 $(\alpha,\ \beta)$ で $f'(t)$ の符号は一定であるとする．

例題 1 a を正の定数とするとき，サイクロイド

$$x = a(t - \sin t),\ y = a(1 - \cos t) \qquad (0 \leqq t \leqq 2\pi)$$

と x 軸で囲まれた図形の面積 S を求めよ．

解 サイクロイドは直線 $x = \pi a$ に関して対称だから

$$S = 2\int_0^{\pi} \left| y\frac{dx}{dt} \right| dt = 2a^2 \int_0^{\pi} (1 - \cos t)^2\,dt$$

$1 - \cos t = 2\sin^2 \dfrac{t}{2}$ だから

$$S = 2a^2 \int_0^{\pi} \left(2\sin^2 \frac{t}{2}\right)^2 dt$$

$$= 8a^2 \int_0^{\pi} \sin^4 \frac{t}{2}\,dt$$

$$= 8a^2 \int_0^{\frac{\pi}{2}} \sin^4 \theta \cdot 2\,d\theta$$

（$\dfrac{t}{2} = \theta$ とおく）

（114 ページ例題 15）

$$= 16a^2 \int_0^{\frac{\pi}{2}} \sin^4 \theta\,d\theta = 16a^2 \cdot \frac{3}{4} \cdot \frac{1}{2} \cdot \frac{\pi}{2} = 3\pi a^2$$

//

問・1 次の曲線と x 軸で囲まれた図形の面積を求めよ．

(1) 曲線 $x = 2t^2$, $y = t(1 - t)$ $\qquad (0 \leqq t \leqq 1)$

(2) 半円 $x = a\cos t$, $y = a\sin t$ $\qquad (0 \leqq t \leqq \pi$, a は正の定数$)$

次に，曲線 C が媒介変数表示

$$x = f(t),\ y = g(t) \qquad (\alpha \leqq t \leqq \beta)$$

で表されているとき，この曲線 C の長さ l を考えよう．

$f'(t) > 0$ の場合を考えると，125 ページの公式より

$$l = \int_a^b \sqrt{1 + \left(\frac{dy}{dx}\right)^2}\, dx$$

また，$\dfrac{dy}{dx} = \dfrac{g'(t)}{f'(t)}$，$dx = f'(t)dt$ だから

$$l = \int_\alpha^\beta \sqrt{1 + \left\{\frac{g'(t)}{f'(t)}\right\}^2}\, f'(t)\, dt$$

$$= \int_\alpha^\beta \sqrt{\{f'(t)\}^2 + \{g'(t)\}^2}\, dt \qquad (4)$$

$f'(t) < 0$ の場合も，(4) が成り立つことを証明することができる．

●媒介変数表示による曲線の長さ

曲線 $x = f(t),\ y = g(t)\ (\alpha \leqq t \leqq \beta)$ の長さ l は

$$l = \int_\alpha^\beta \sqrt{\{f'(t)\}^2 + \{g'(t)\}^2}\, dt = \int_\alpha^\beta \sqrt{\left(\frac{dx}{dt}\right)^2 + \left(\frac{dy}{dt}\right)^2}\, dt$$

例題 2　a を正の定数とするとき，次のサイクロイドの長さ l を求めよ．

$$x = a(t - \sin t),\ y = a(1 - \cos t) \qquad (0 \leqq t \leqq 2\pi)$$

解　$\dfrac{dx}{dt} = a(1 - \cos t)$，$\dfrac{dy}{dt} = a\sin t$ だから

$$l = \int_0^{2\pi} \sqrt{a^2(1 - \cos t)^2 + a^2\sin^2 t}\, dt$$

$$= \int_0^{2\pi} \sqrt{2a^2(1 - \cos t)}\, dt = \int_0^{2\pi} \sqrt{4a^2 \sin^2 \frac{t}{2}}\, dt$$

区間 $[0,\ 2\pi]$ で $\sin \dfrac{t}{2} \geqq 0$ だから

$$l = 2a \int_0^{2\pi} \sin \frac{t}{2}\, dt = 2a \left[-2\cos \frac{t}{2}\right]_0^{2\pi} = 8a \qquad //$$

問・2　次の曲線の長さを求めよ.

(1)　円 $x = a\cos t,\ y = a\sin t$　($0 \leqq t \leqq 2\pi$, a は正の定数)

(2)　曲線 $x = e^t\cos t,\ y = e^t\sin t$　$\left(0 \leqq t \leqq \dfrac{\pi}{2}\right)$

回転体の体積 V についても，面積の場合と同様に考えて，区間 $(\alpha,\ \beta)$ で $f'(t)$ の符号が一定であれば，次の公式が成り立つ.

$$\boldsymbol{V = \pi\int_\alpha^\beta \{g(t)\}^2\,|f'(t)|\,dt = \pi\int_\alpha^\beta y^2\left|\frac{dx}{dt}\right|dt}$$

例題 3　a を正の定数とするとき，次のサイクロイドを x 軸のまわりに回転してできる回転体の体積 V を求めよ.

$$x = a(t - \sin t),\ y = a(1 - \cos t)\qquad (0 \leqq t \leqq 2\pi)$$

解　$\dfrac{dx}{dt} = a(1 - \cos t) \geqq 0$

曲線は直線 $x = \pi a$ に関して対称だから

y, O, πa, $2\pi a$, x

$$V = 2\pi a^3\int_0^\pi (1 - \cos t)^3\,dt$$

$$= 2\pi a^3\int_0^\pi \left(2\sin^2\frac{t}{2}\right)^3 dt$$

$\dfrac{t}{2} = \theta$ とおく

$$= 16\pi a^3\int_0^\pi \sin^6\frac{t}{2}\,dt = 16\pi a^3\int_0^{\frac{\pi}{2}} \sin^6\theta\cdot 2\,d\theta$$

$$= 32\pi a^3\int_0^{\frac{\pi}{2}} \sin^6\theta\,d\theta = 32\pi a^3\cdot\frac{5}{6}\cdot\frac{3}{4}\cdot\frac{1}{2}\cdot\frac{\pi}{2} = 5\pi^2a^3$$　//

問・3　媒介変数表示 $x = a\cos t,\ y = a\sin t$ ($0 \leqq t \leqq \pi$, a は正の定数) で表される半円を x 軸のまわりに回転してできる球の体積を求めよ.

問・4　媒介変数表示 $x = t^2,\ y = 1 - t$ ($0 \leqq t \leqq 1$) で表される曲線と x 軸および y 軸で囲まれた図形を，x 軸のまわりに回転してできる回転体の体積を求めよ.

2 極座標による図形

これまでは，平面上の点の位置を表すために，直交する 2 つの座標軸を定めた座標平面を考えてきた．このときの座標 $(x,\ y)$ を**直交座標**という．

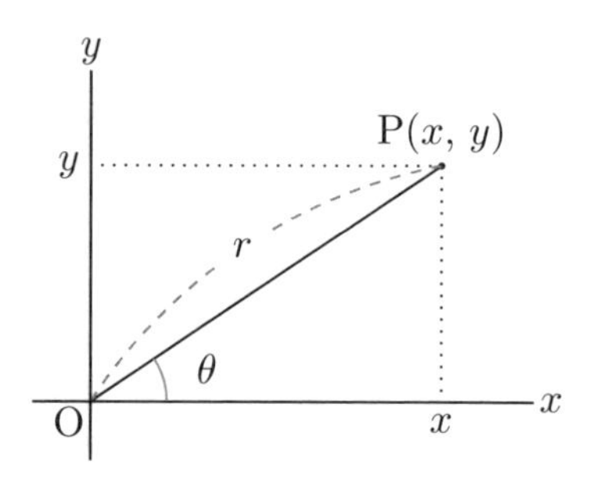

点 P の位置は，O から P までの距離 r と，x 軸の正の方向と OP のなす角 θ との組 $(r,\ \theta)$ によっても定まる．

この $(r,\ \theta)$ を点 P の**極座標**といい，r を**動径**，θ を**偏角**という．

偏角 θ は一般角であるが，通常はその 1 つをとればよい．

例 1　直交座標が $(1,\ 1)$ である点 P の極座標は $\left(\sqrt{2},\ \dfrac{\pi}{4}\right)$ であり，極座標が $\left(2,\ \dfrac{2}{3}\pi\right)$ である点 Q の直交座標は $(-1,\ \sqrt{3})$ である．

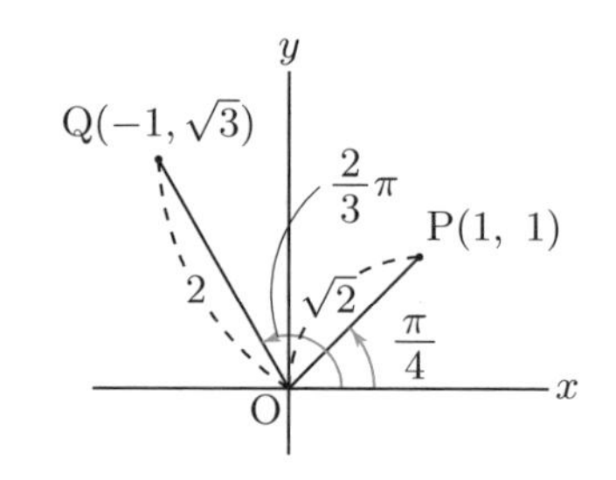

一般に，点 P の直交座標を $(x,\ y)$，極座標を $(r,\ \theta)$ とするとき，次の関係が成り立つ．ただし，$r>0$ とする．

●極座標と直交座標

$$\begin{cases} x = r\cos\theta \\ y = r\sin\theta \end{cases} \qquad \begin{cases} r = \sqrt{x^2+y^2} \\ \cos\theta = \dfrac{x}{\sqrt{x^2+y^2}},\ \sin\theta = \dfrac{y}{\sqrt{x^2+y^2}} \end{cases}$$

例 2　点 P の直交座標が $(-2,\ -2)$ のとき　$r = 2\sqrt{2}$

また，$\cos\theta = -\dfrac{1}{\sqrt{2}}$，$\sin\theta = -\dfrac{1}{\sqrt{2}}$ より　$\theta = \dfrac{5}{4}\pi$

よって，点 P の極座標は　$\left(2\sqrt{2},\ \dfrac{5}{4}\pi\right)$

問・5 次の極座標をもつ点の直交座標を求めよ．

(1) $\left(2,\ \dfrac{\pi}{3}\right)$　　(2) $\left(\sqrt{3},\ \pi\right)$　　(3) $\left(4,\ \dfrac{3}{2}\pi\right)$

問・6 次の直交座標をもつ点の極座標を求めよ．

(1) $\left(\sqrt{3},\ 1\right)$　　(2) $(1,\ -1)$　　(3) $\left(-\sqrt{3},\ -1\right)$

問・7 次の条件を満たす点全体はどのような図形になるか．

(1) $r=3$　　(2) $\theta=\dfrac{\pi}{4}\quad\left(r \geqq 1\right)$

極座標 $(0,\ \theta)$ は，任意の θ について常に原点 O を表すものとする．

関数 $r=f(\theta)$ について，$f(\theta) \geqq 0$ とする．このとき，定義域に属する θ に対し，極座標が $\big(f(\theta),\ \theta\big)$ である点全体は 1 つの図形を描く．これを関数 $r=f(\theta)$ の**グラフ**という．また，図形が曲線のとき曲線 $r=f(\theta)$ という．

例題 4 a を正の定数とするとき，次の関数のグラフの概形をかけ．

$$r=a(1+\cos\theta)\qquad(0 \leqq \theta \leqq 2\pi)$$

解 θ のいろいろな値に対する r の値を求めると下の表のようになる．

θ	0	$\frac{\pi}{4}$	$\frac{\pi}{2}$	$\frac{3\pi}{4}$	π
r	$2a$	$1.71a$	a	$0.29a$	0

θ	$\frac{5\pi}{4}$	$\frac{3\pi}{2}$	$\frac{7\pi}{4}$	2π
r	$0.29a$	a	$1.71a$	$2a$

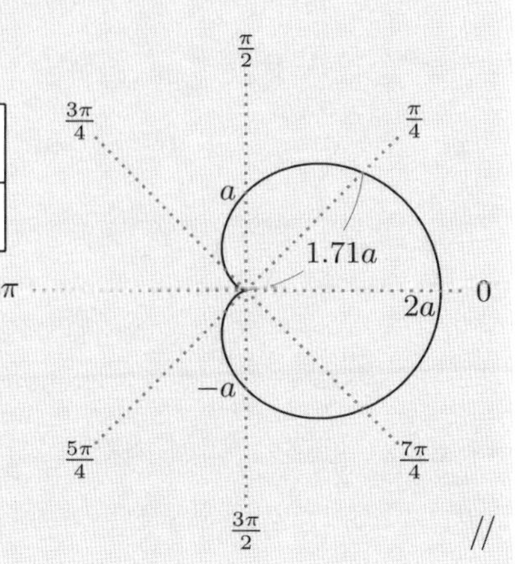

この表からグラフをかくと，図のような曲線になる．　//

●**注**……この曲線を**カージオイド（心臓形）**という．

問・8 次の関数のグラフの概形を下の図を利用してかけ.

(1) $r=\dfrac{\theta}{\pi}$ 　$(0 \leqq \theta \leqq 2\pi)$ 　（**アルキメデスの渦巻線**（うずまきせん）という）

(2) $r=2\sin^2\theta$ 　$(0 \leqq \theta \leqq 2\pi)$

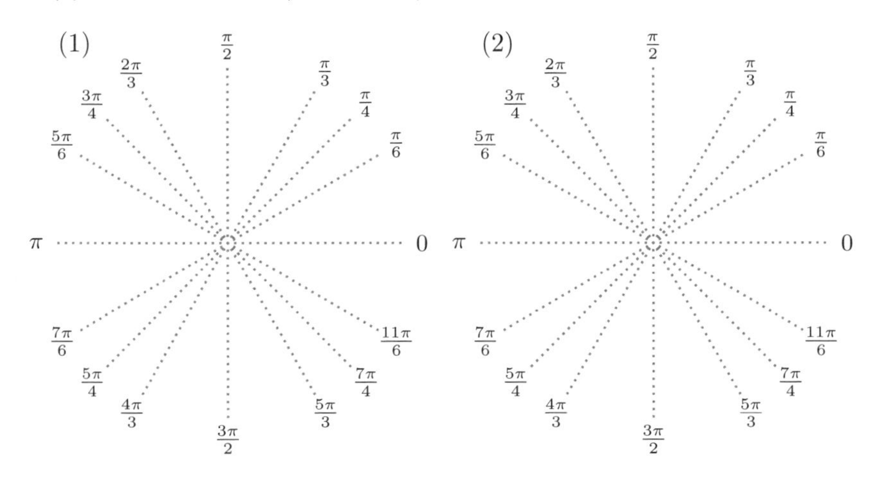

関数 $r=f(\theta)$ が区間 $[\alpha,\ \beta]$ で連続で，$f(\theta) \geqq 0$ のとき，2つの半直線 $\theta=\alpha$, $\theta=\beta$ と曲線 $r=f(\theta)$ で囲まれた図形OABの面積を考えよう.

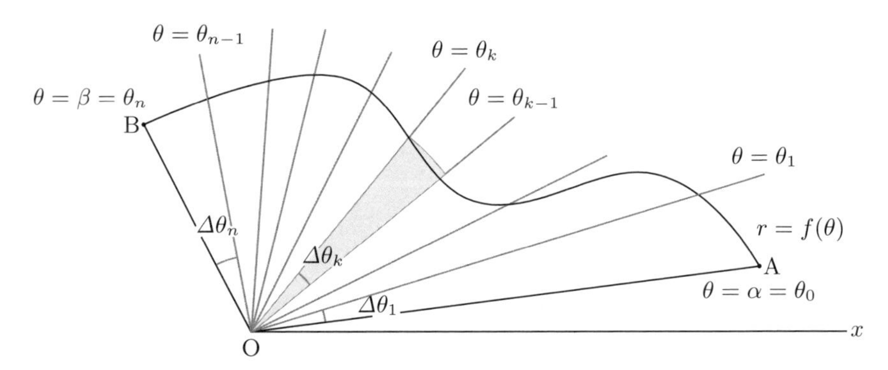

区間 $[\alpha,\ \beta]$ を n 個の小区間に分け，k 番目の小区間 $[\theta_{k-1},\ \theta_k]$ の幅を $\Delta\theta_k$ とおく．このとき，2つの半直線 $\theta=\theta_{k-1}$, $\theta=\theta_k$ と曲線 $r=f(\theta)$ で囲まれる図形の面積は，$\Delta\theta_k$ を十分に小さくとるとき，半径が $f(\theta_k)$ で中心角が $\Delta\theta_k$ の扇形の面積 $\dfrac{1}{2}\left\{f(\theta_k)\right\}^2\Delta\theta_k$ で近似できる.

これらの扇形の面積の総和をとり，$\Delta\theta_k \to 0$ としたときの極限値が面積 S と考えられる．したがって，定積分の定義から

$$S = \lim_{\Delta\theta_k \to 0} \sum_{k=1}^{n} \frac{1}{2}\left\{f(\theta_k)\right\}^2 \Delta\theta_k = \frac{1}{2}\int_\alpha^\beta \left\{f(\theta)\right\}^2 d\theta$$

●極座標による図形の面積

曲線 $r = f(\theta)$　$(\alpha \leqq \theta \leqq \beta)$ と 2 つの半直線 $\theta = \alpha$, $\theta = \beta$ で囲まれた図形の面積 S は

$$S = \frac{1}{2}\int_\alpha^\beta \left\{f(\theta)\right\}^2 d\theta = \frac{1}{2}\int_\alpha^\beta r^2\, d\theta$$

例題 5　a を正の定数とするとき，カージオイド

$$r = a(1 + \cos\theta) \qquad (0 \leqq \theta \leqq 2\pi)$$

で囲まれた図形の面積を求めよ．

解　この図形は，x 軸に関して対称で，上半分は曲線と 2 つの半直線 $\theta = 0$, $\theta = \pi$ で囲まれた図形だから，

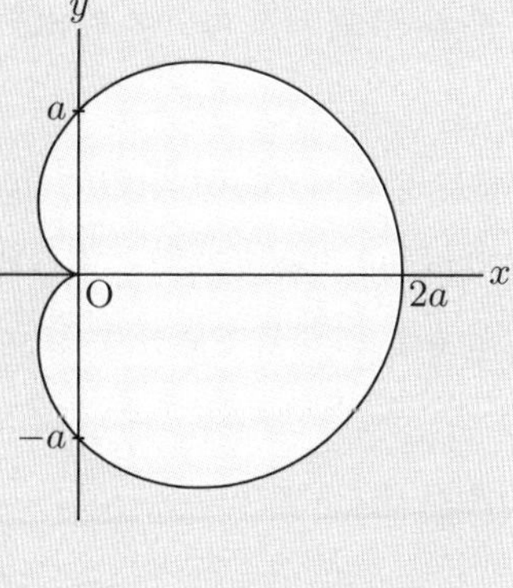

求める面積 S は

$$S = 2 \cdot \frac{1}{2}\int_0^\pi a^2(1 + \cos\theta)^2\, d\theta$$

$1 + \cos\theta = 2\cos^2\dfrac{\theta}{2}$ だから

$$S = 4a^2\int_0^\pi \cos^4\frac{\theta}{2}\, d\theta$$

$$= 4a^2\int_0^{\frac{\pi}{2}} \cos^4 t \cdot 2\, dt$$

（$\dfrac{\theta}{2} = t$ とおく）

$$= 8a^2\int_0^{\frac{\pi}{2}} \cos^4 t\, dt = 8a^2 \cdot \frac{3}{4} \cdot \frac{1}{2} \cdot \frac{\pi}{2} = \frac{3}{2}\pi a^2$$

//

問・9 次の図形の面積を求めよ．

(1) 曲線 $r = 2\theta \left(\dfrac{\pi}{2} \leqq \theta \leqq \pi\right)$ と半直線 $\theta = \dfrac{\pi}{2}$, $\theta = \pi$ で囲まれた図形

(2) 曲線 $r = e^{-\theta}$ $(0 \leqq \theta \leqq \pi)$ と半直線 $\theta = 0$, $\theta = \pi$ で囲まれた図形

(3) 曲線 $r = |\sin 2\theta|$ $(0 \leqq \theta \leqq 2\pi)$ で囲まれた図形

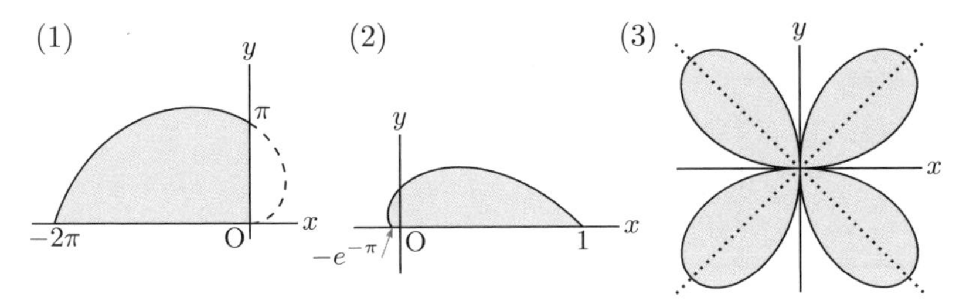

次に，曲線 C

$$r = f(\theta) \qquad (\alpha \leqq \theta \leqq \beta)$$

の長さ l を考えよう．ここで，導関数 $r' = f'(\theta)$ は区間 $[\alpha,\ \beta]$ で連続であるとする．

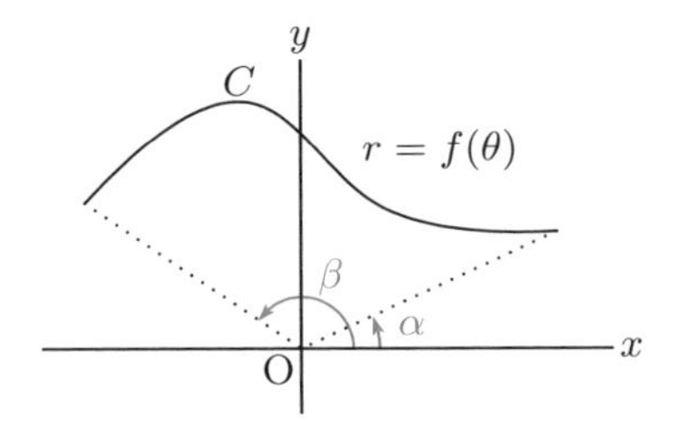

曲線 C 上の点 $(x,\ y)$ の極座標を $(r,\ \theta)$ とすると

$$x = r\cos\theta = f(\theta)\cos\theta$$

$$y = r\sin\theta = f(\theta)\sin\theta$$

これは，θ を媒介変数とする曲線 C の方程式と考えることができる．

x, y を θ に関して微分すると

$$x' = r'\cos\theta - r\sin\theta,\ y' = r'\sin\theta + r\cos\theta$$

したがって

$$\begin{aligned}(x')^2 + (y')^2 &= (r'\cos\theta - r\sin\theta)^2 + (r'\sin\theta + r\cos\theta)^2 \\ &= (r')^2(\sin^2\theta + \cos^2\theta) + r^2(\sin^2\theta + \cos^2\theta) \\ &= (r')^2 + r^2\end{aligned}$$

となるから，134ページの公式より，次の公式が得られる．

●極座標による曲線の長さ

曲線 $r=f(\theta)$ $(\alpha \leqq \theta \leqq \beta)$ の長さ l は

$$l=\int_{\alpha}^{\beta}\sqrt{r^2+(r')^2}\,d\theta=\int_{\alpha}^{\beta}\sqrt{\left\{f(\theta)\right\}^2+\left\{f'(\theta)\right\}^2}\,d\theta$$

例題 6 a を正の定数とするとき，次のカージオイドの長さ l を求めよ．

$$r=a(1+\cos\theta) \qquad (0 \leqq \theta \leqq 2\pi)$$

解 半角の公式 $\cos^2\dfrac{\theta}{2}=\dfrac{1+\cos\theta}{2}$ より

$$r=a(1+\cos\theta)=2a\cos^2\frac{\theta}{2}$$

$$r'=2a\cdot 2\cos\frac{\theta}{2}\left(-\sin\frac{\theta}{2}\right)\cdot\frac{1}{2}=-2a\cos\frac{\theta}{2}\sin\frac{\theta}{2}$$

$$r^2+(r')^2=4a^2\cos^4\frac{\theta}{2}+4a^2\cos^2\frac{\theta}{2}\sin^2\frac{\theta}{2}=4a^2\cos^2\frac{\theta}{2}$$

この曲線は x 軸に関して対称で，$0 \leqq \theta \leqq \pi$ のとき $\cos\dfrac{\theta}{2} \geqq 0$ だから

$$l=2\int_0^{\pi}\sqrt{r^2+(r')^2}\,d\theta=4a\int_0^{\pi}\cos\frac{\theta}{2}\,d\theta=8a \qquad //$$

問・10 次の曲線の長さを求めよ．

(1) $r=\sin\theta+\cos\theta \quad \left(-\dfrac{\pi}{4} \leqq \theta \leqq \dfrac{3}{4}\pi\right)$

(2) $r=\sin^3\dfrac{\theta}{3} \quad (0 \leqq \theta \leqq 3\pi)$

(1)

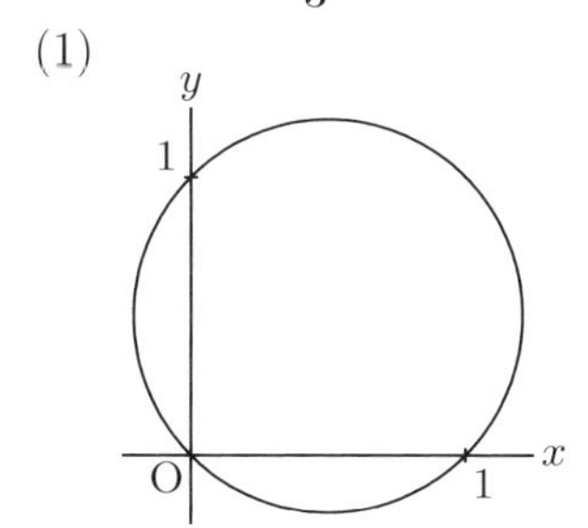

(2)

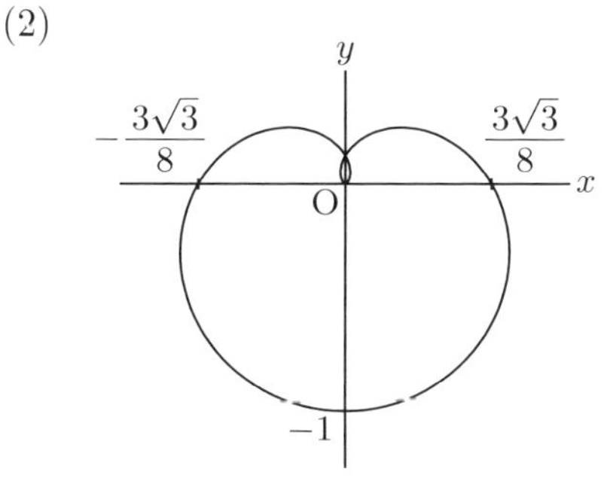

②3　広義積分

これまで，定積分 $\displaystyle\int_a^b f(x)\,dx$ において，関数 $f(x)$ は閉区間 $[a,\ b]$ で連続とした．ここでは，それ以外に定積分の定義が可能な場合を考えよう．

まず，関数 $y=\dfrac{1}{\sqrt{x}}$ の 0 から 1 までの定積分を考える．この関数は $x=0$ で定義されていないが，区間 $(0,\ 1]$ で連続である．したがって，$0<\varepsilon<1$ を満たす ε をとると，次の等式が成り立つ．

$$\int_\varepsilon^1 \frac{dx}{\sqrt{x}}=\Big[2\sqrt{x}\Big]_\varepsilon^1=2-2\sqrt{\varepsilon}$$

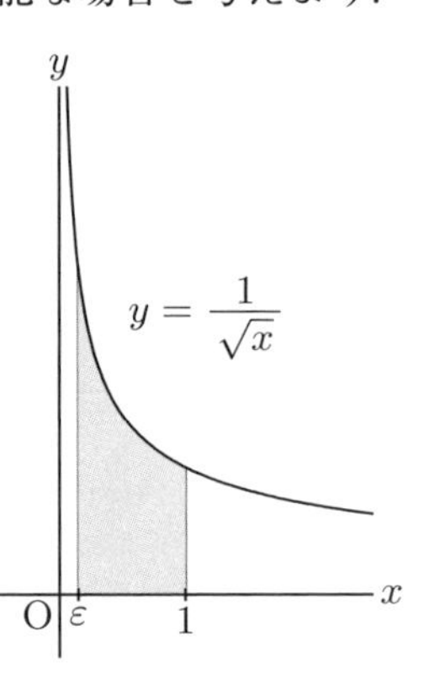

ここで，$\varepsilon\to+0$ とすると，右辺の値は限りなく 2 に近づく．この極限値 2 を関数 $y=\dfrac{1}{\sqrt{x}}$ を 0 から 1 まで積分した値と定義する．すなわち

$$\int_0^1 \frac{dx}{\sqrt{x}}=\lim_{\varepsilon\to+0}\int_\varepsilon^1 \frac{dx}{\sqrt{x}}=\lim_{\varepsilon\to+0}\Big[2\sqrt{x}\Big]_\varepsilon^1=\lim_{\varepsilon\to+0}\left(2-2\sqrt{\varepsilon}\right)=2$$

このように定義された定積分を，**広義積分**という．

一般に，$f(x)$ が a を除いた区間 $(a,\ b]$ で連続で，次の右辺の極限値が存在するとき，広義積分を次のように定義する．

$$\int_a^b f(x)\,dx=\lim_{\varepsilon\to+0}\int_{a+\varepsilon}^b f(x)\,dx$$

同様に，$f(x)$ が b を除いた区間 $[a,\ b)$ で連続であるとき

$$\int_a^b f(x)\,dx=\lim_{\varepsilon\to+0}\int_a^{b-\varepsilon} f(x)\,dx$$

と定義する．

● **注**……広義積分は，必ずしも存在するわけではない．例えば

$$\lim_{\varepsilon\to+0}\int_\varepsilon^1 \frac{dx}{x^2}=\lim_{\varepsilon\to+0}\left[-\frac{1}{x}\right]_\varepsilon^1=\lim_{\varepsilon\to+0}\left(\frac{1}{\varepsilon}-1\right)=\infty$$

したがって，$\displaystyle\int_0^1 \frac{dx}{x^2}$ は存在しない．

例題 7 次の広義積分を求めよ.

$$\int_{-1}^{1} \frac{dx}{\sqrt{1-x^2}}$$

解

$$\int_{-1}^{1} \frac{dx}{\sqrt{1-x^2}} = \lim_{\substack{\varepsilon \to +0 \\ \varepsilon' \to +0}} \int_{-1+\varepsilon}^{1-\varepsilon'} \frac{dx}{\sqrt{1-x^2}} = \lim_{\substack{\varepsilon \to +0 \\ \varepsilon' \to +0}} \Big[\sin^{-1} x\Big]_{-1+\varepsilon}^{1-\varepsilon'}$$

$$= \lim_{\substack{\varepsilon \to +0 \\ \varepsilon' \to +0}} \left\{ \sin^{-1}(1-\varepsilon') - \sin^{-1}(-1+\varepsilon) \right\}$$

$$= \sin^{-1} 1 - \sin^{-1}(-1)$$

ここで

$$y = \sin^{-1} 1 \iff \sin y = 1, \ -\frac{\pi}{2} \leqq y \leqq \frac{\pi}{2}$$

より $\sin^{-1} 1 = \dfrac{\pi}{2}$

同様に $\sin^{-1}(-1) = -\dfrac{\pi}{2}$

したがって

$$\int_{-1}^{1} \frac{dx}{\sqrt{1-x^2}} = \frac{\pi}{2} - \left(-\frac{\pi}{2}\right) = \pi$$

//

● **注**……不定積分からみて極限値のあることがわかる場合には，次のように略記してよい.

$$\int_{-1}^{1} \frac{dx}{\sqrt{1 \quad x^2}} = \Big[\sin^{-1} x\Big]_{-1}^{1} = \sin^{-1} 1 - \sin^{-1}(-1) = \pi$$

問・11 次の広義積分を求めよ.

(1) $\displaystyle\int_{-1}^{0} \frac{dx}{\sqrt{x+1}}$　　(2) $\displaystyle\int_{0}^{1} \frac{dx}{\sqrt{1-x}}$　　(3) $\displaystyle\int_{-2}^{2} \frac{dx}{\sqrt{4-x^2}}$

問・12 次の広義積分を求めよ.

$$\int_{1}^{2} \frac{dx}{\sqrt{x^2-1}}$$

次に，関数 $y=\dfrac{1}{x^2}$ の 1 から ∞ までの定積分を考えよう．

この関数の 1 から b $(b>1)$ までの定積分は次のようになる．

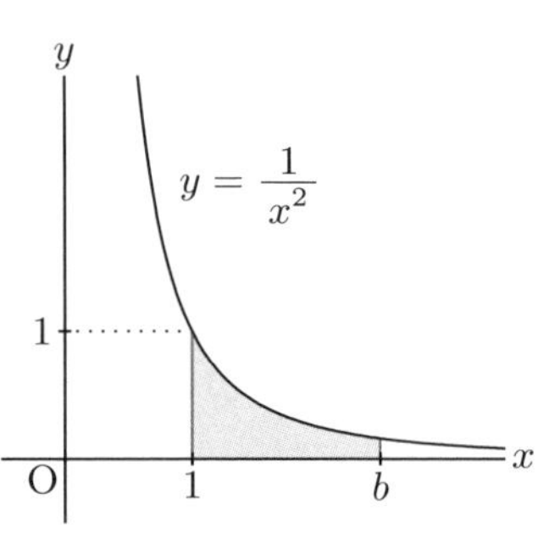

$$\int_1^b \frac{dx}{x^2}=\left[-\frac{1}{x}\right]_1^b=-\frac{1}{b}+1$$

ここで，$b\to\infty$ とすると，右辺は限りなく 1 に近づく．この極限値 1 を関数 $y=\dfrac{1}{x^2}$ を 1 から ∞ まで積分した値と定義する．

$$\int_1^\infty \frac{dx}{x^2}=\lim_{b\to\infty}\int_1^b \frac{dx}{x^2}=\lim_{b\to\infty}\left[-\frac{1}{x}\right]_1^b=\lim_{b\to\infty}\left(-\frac{1}{b}+1\right)=1$$

このような無限区間の定積分も**広義積分**といわれる．また，$(-\infty,\ b]$ などの場合にも同様に定義される．

例題 8　広義積分 $\displaystyle\int_{-\infty}^{\infty}\frac{dx}{1+x^2}$ を求めよ．

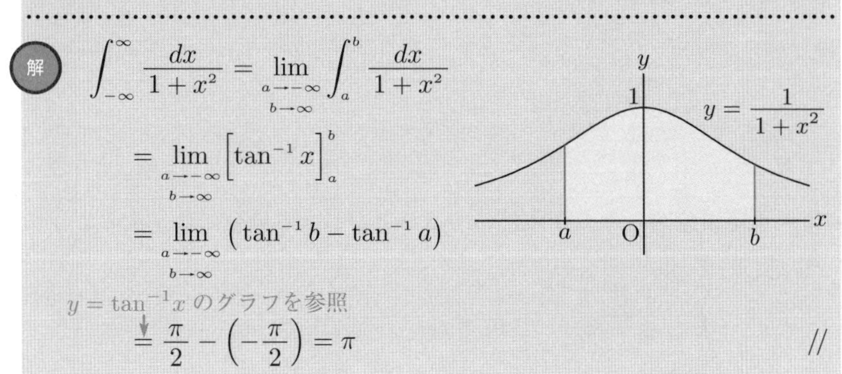

解

$$\int_{-\infty}^{\infty}\frac{dx}{1+x^2}=\lim_{\substack{a\to-\infty\\ b\to\infty}}\int_a^b\frac{dx}{1+x^2}$$

$$=\lim_{\substack{a\to-\infty\\ b\to\infty}}\left[\tan^{-1}x\right]_a^b$$

$$=\lim_{\substack{a\to-\infty\\ b\to\infty}}\left(\tan^{-1}b-\tan^{-1}a\right)$$

$y=\tan^{-1}x$ のグラフを参照

$$=\frac{\pi}{2}-\left(-\frac{\pi}{2}\right)=\pi$$

//

●注……$\displaystyle\int_{-\infty}^{\infty}\frac{dx}{1+x^2}=\left[\tan^{-1}x\right]_{-\infty}^{\infty}=\frac{\pi}{2}-\left(-\frac{\pi}{2}\right)=\pi$ と略記してよい．

問・13　次の広義積分を求めよ．

(1) $\displaystyle\int_1^\infty\frac{dx}{x^3}$　　(2) $\displaystyle\int_0^\infty e^{-3x}\,dx$　　(3) $\displaystyle\int_{-\infty}^{\infty}\frac{dx}{9+x^2}$

2 4 変化率と積分

数直線上を運動する点 P の時刻 t における座標および速度をそれぞれ $x(t)$, $v(t)$ とするとき，72 ページより $\dfrac{d}{dt}x(t) = v(t)$ である．よって

$$\int_a^b v(t)\,dt = \Big[x(t)\Big]_a^b = x(b) - x(a)$$

$b = t$ とおくと，次の等式が得られる．

$$\boldsymbol{x(t) = x(a) + \int_a^t v(t)\,dt} \tag{1}$$

また，加速度 $\alpha(t)$ について $\dfrac{d}{dt}v(t) = \alpha(t)$ が成り立つから

$$\boldsymbol{v(t) = v(a) + \int_a^t \alpha(t)\,dt} \tag{2}$$

例題 9 数直線上を運動する点 P について，t 秒後における加速度が $\alpha(t) = t + \sin t$ (m/s^2) であるという．$t = 0$ において，x 座標が 0 m，速度が 5 m/s であるとき，次の問いに答えよ．

(1) t 秒後における点 P の速度 $v(t)$ (m/s) を求めよ．

(2) t 秒後における点 P の位置 $x(t)$ (m) を求めよ．

解 $v(0) = 5$, $x(0) = 0$ を用いる．

(1) $$v(t) = 5 + \int_0^t (t + \sin t)\,dt = 5 + \left[\frac{1}{2}t^2 - \cos t\right]_0^t$$
$$= 5 + \left(\frac{1}{2}t^2 - \cos t - (-1)\right) = \frac{1}{2}t^2 - \cos t + 6 \quad \text{(m/s)}$$

(2) $$x(t) = \int_0^t \left(\frac{1}{2}t^2 - \cos t + 6\right) dt$$
$$= \left[\frac{1}{6}t^3 - \sin t + 6t\right]_0^t = \frac{1}{6}t^3 - \sin t + 6t \quad \text{(m)}$$ //

問・14 数直線上で座標が 10 の点を出発して，この数直線上を運動する点があり，t 秒後における速度は $v(t) = 12\cos\left(2t + \dfrac{\pi}{6}\right)$ であるという．この動点の t 秒後の座標を求めよ．

例題 10 時間とともに増殖する細菌がある．この細菌の時刻 t における個数を $N(t)$ とすると，細菌の増加率はそのときの個数に比例するという．比例定数を λ とし，$t=0$ における個数を N_0 とおくとき，$N(t)$ を表す式を求めよ．ただし，$\lambda>0$ とする．

解 細菌の増加率は $\dfrac{d}{dt}N(t)=N'(t)$ だから，条件から $N'(t)=\lambda N(t)$ が成り立つ．両辺を $N(t)\ (>0)$ で割ると

$$\frac{1}{N(t)}N'(t)=\lambda$$

この両辺を t について積分して

$$\int\frac{1}{N(t)}N'(t)\,dt=\int\lambda\,dt$$

102ページの例題2より

$$\log N(t)=\lambda t+C\quad(C\text{ は積分定数})$$

これから

$$N(t)=e^{\lambda t+C}=e^{C}e^{\lambda t}$$

$t=0$ を代入すると　$N_0=e^{C}$

よって　$N(t)=N_0e^{\lambda t}$　//

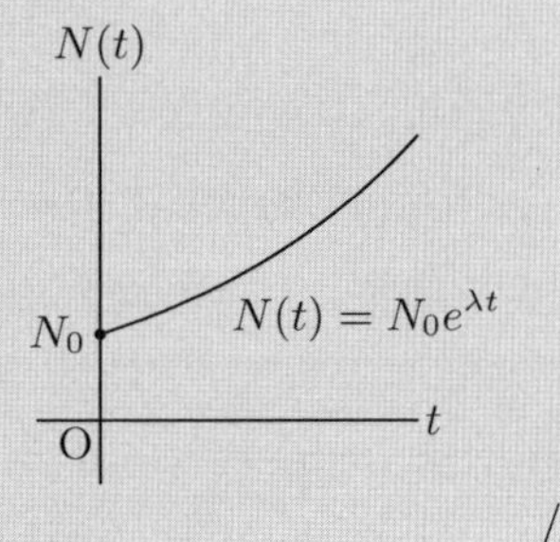

問・15 時刻 t におけるある放射性物質の中の原子の個数を $N(t)$ とすると，$-\dfrac{d}{dt}N(t)=-N'(t)$ は単位時間内の原子の崩壊個数を表し，これは現在の原子の個数に比例することが知られている．次の問いに答えよ．

(1) 比例定数を λ とし，$t=0$ における個数を N_0 とおくとき，$N(t)$ を表す式を求めよ．ただし，$\lambda>0$ とする．

(2) 原子の個数が最初の半分になる時刻（**半減期**という）を λ で表せ．

ニュートンによるケプラーの3法則の証明

微分積分学の創始者ニュートンは，1687年に執筆した名著『プリンキピア（自然哲学の数学的諸原理）』で，万有引力の法則と微分積分学を用いて，いろいろな自然現象を数学的に解明した．中でも，惑星の軌道に関するケプラーの法則の証明は有名である．ケプラーは，プラハの天文台の観測結果をもとに，膨大な計算の末，1619年までに次の法則を発表した．

第1法則：惑星の軌道は，太陽を1つの焦点とした楕円である．

第2法則：太陽から惑星に引いた動径が描く面積の速度は一定である．

第3法則：惑星の周期の2乗は，軌道の長径の長さの3乗に比例する．

ここでは，万有引力の法則から第2法則を導いてみよう．太陽を原点Oとし，時刻tにおける惑星の位置Pを極座標$(r(t),\ \theta(t))$で表す．時刻t_0からtまでの間に動径が描く面積$A(t)$は

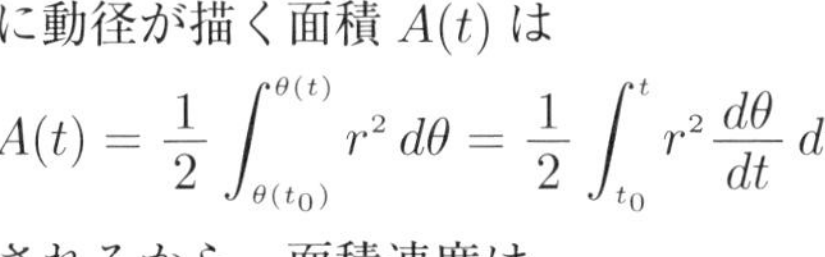

$$A(t) = \frac{1}{2}\int_{\theta(t_0)}^{\theta(t)} r^2\,d\theta = \frac{1}{2}\int_{t_0}^{t} r^2\frac{d\theta}{dt}\,dt$$

と表されるから，面積速度は

$$\frac{d}{dt}A(t) = \frac{1}{2}r^2\frac{d\theta}{dt} \qquad (1)$$

一方，万有引力はOPの方向にしか働かないから，惑星の加速度のOPに垂直な方向の成分は0となる．このことから

$$2\frac{dr}{dt}\frac{d\theta}{dt} + r\frac{d^2\theta}{dt^2} = 0 \qquad (2)$$

が導かれる．(1)を微分して(2)を用いると

$$\frac{d}{dt}\left(\frac{1}{2}r^2\frac{d\theta}{dt}\right) = \frac{1}{2}r\left(2\frac{dr}{dt}\frac{d\theta}{dt} + r\frac{d^2\theta}{dt^2}\right) = 0 \qquad (3)$$

よって，$\dfrac{1}{2}r^2\dfrac{d\theta}{dt} =$ 定数，すなわち面積速度$\dfrac{d}{dt}A(t)$は一定である．

練習問題 2・A

1. 次の図形の面積を求めよ．

(1) 曲線 $x = \cos t,\ y = \sin 2t \quad (0 \leqq t \leqq 2\pi)$ で囲まれた図形

(2) 曲線 $r = \cos^2 3\theta \quad (0 \leqq \theta \leqq 2\pi)$ で囲まれた図形

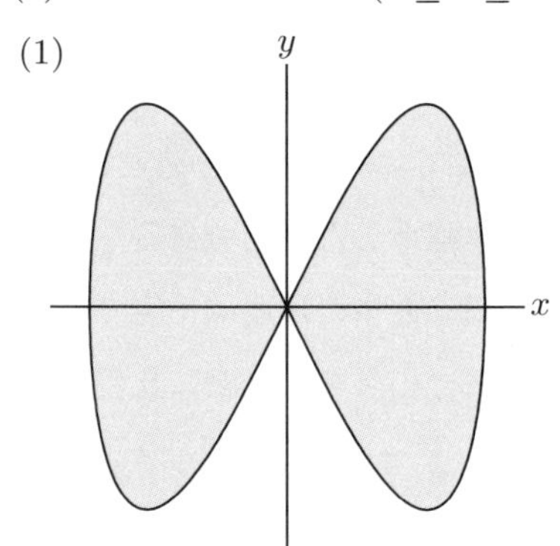

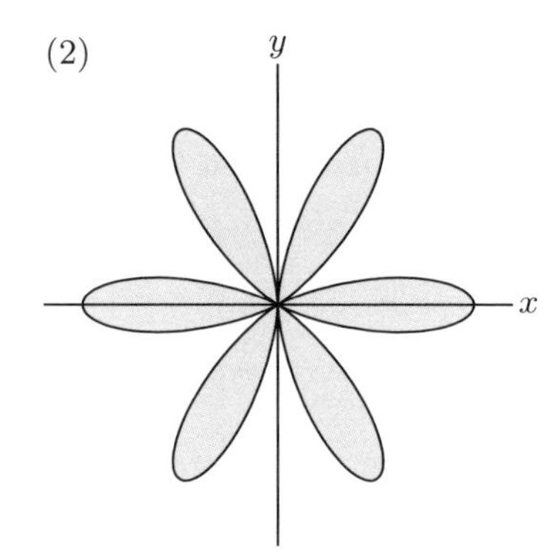

2. 次の式で表される曲線の長さを求めよ．

(1) $x = \dfrac{t^2}{2},\ y = \dfrac{t^3}{3} \qquad (0 \leqq t \leqq 1)$

(2) $r = \theta \qquad (0 \leqq \theta \leqq 2\pi)$

3. 曲線 $x = t^3,\ y = t^2 \ \ (0 \leqq t \leqq 1)$ と 2 直線 $x = 1,\ y = 0$ で囲まれた図形を x 軸のまわりに回転してできる回転体の体積を求めよ．

4. 次の広義積分を求めよ．ただし，a は正の定数とする．

(1) $\displaystyle\int_2^{\infty} \frac{dx}{x\sqrt{x}}$　　(2) $\displaystyle\int_0^{a} \frac{x}{\sqrt{a^2 - x^2}}\, dx$

(3) $\displaystyle\int_0^{\infty} xe^{-x^2}\, dx$　　(4) $\displaystyle\int_0^{1} \frac{\log x}{x}\, dx$

5. 数直線上を動く点 P の時刻 t における加速度を -8 とする．$t = 0$ において，速度が 12 のとき，次の問いに答えよ．

(1) t 秒後における点 P の速度と，速度が 0 になる時刻を求めよ．

(2) $t = 0$ から $t = 4$ までに点 P が実際に動いた距離の総和を求めよ．

練習問題 2・B

1. 次の問いに答えよ．ただし，各点は極座標で表されているとする．

(1) 2 点 $P_1(r_1,\ \theta_1)$，$P_2(r_2,\ \theta_2)$ の距離 P_1P_2 は

$$P_1P_2 = \sqrt{{r_1}^2 + {r_2}^2 - 2r_1r_2\cos(\theta_1 - \theta_2)}$$

であることを証明せよ．

(2) 点 $(1,\ 0)$ を中心とし，半径 1 の円周上の点を $P(r,\ \theta)$ とするとき，r を θ で表せ．

2. 曲線 $x = a\cos^3 t,\ y = a\sin^3 t \quad (0 \leqq t \leqq 2\pi)$ について，次の問いに答えよ．ただし，a は正の定数とする．

(1) 曲線で囲まれた図形の面積を求めよ．

(2) 曲線の長さを求めよ．

(3) x 軸のまわりに回転してできる回転体の体積を求めよ．

3. 曲線 $r = \dfrac{1}{\theta} \quad \left(\dfrac{\pi}{4} \leqq \theta \leqq 4\pi\right)$ について，次の問いに答えよ．

(1) 曲線の概形をかけ．

(2) 曲線の長さを求めよ．

4. $\displaystyle\int_0^1 \frac{dx}{x^k}$ は，$0 < k < 1$ のとき $\dfrac{1}{1-k}$ に等しく，$k \geqq 1$ のとき存在しないことを証明せよ．

5. $\displaystyle\int_1^\infty \frac{dx}{x^k}$ は，$k > 1$ のとき $\dfrac{1}{k-1}$ に等しく，$0 < k \leqq 1$ のとき存在しないことを証明せよ．

解答

1章 微分法

 (p.2〜28)

問1 (1) 16 (2) 3 (3) 1

問2 (1) 2 (2) 0 (3) -2

問3 (1) 1 (2) 3 (3) 3 (4) -4

問4 (1) 2 (2) 3 (3) 0 (4) 2

問5 (1) 0 (2) 1

問6 (1) 4 (2) $a+b$

問7 $f'(3)=\lim_{z\to 3}\dfrac{z^2-3^2}{z-3}=6$

問8 $f'(a)=\lim_{z\to a}\dfrac{z^2-a^2}{z-a}=2a$

接線の傾き $f'(2)=4$

問9 (1) $y'=\lim_{z\to x}\dfrac{(z^3+2)-(x^3+2)}{z-x}$

$=3x^2,\ y'(1)=3$

(2) $y'=2x+3,\ y'(1)=5$

問10 (1) $6x$ (2) $-3x^2$ (3) $2x^2+1$

(4) $3x^5+2x^3$

問11 (1) $4x-1$ (2) $12x^2-16x+5$

(3) $5t^4+9t^2+4t$ (4) $\dfrac{6}{(x+3)^2}$

(5) $-\dfrac{1}{(t-4)^2}$ (6) $2x-\dfrac{3}{(x+1)^2}$

問12 (1) $3x^2-6x-6$

(2) $6t^5-16t^3-14t$

問13 (1) $-\dfrac{5}{x^6}$ (2) $-\dfrac{12}{t^5}$

(3) $-6x^{-3}-6x^{-4}$ (4) $6t-\dfrac{3}{t^4}$

問14 (1) $\dfrac{2}{3}x^{-\frac{1}{3}}=\dfrac{2}{3\sqrt[3]{x}}$

(2) $\dfrac{3}{5\sqrt[5]{x^2}}$ (3) $\dfrac{3}{2}\sqrt{x}$

問15 (1) $\dfrac{3x+1}{2\sqrt{x}}$ (2) $\dfrac{-x-1}{2(x-1)^2\sqrt{x}}$

問16 (1) $-10(-2x+1)^4$

(2) $5(2x-3)^{\frac{3}{2}}=5\sqrt{(2x-3)^3}$

(3) $\dfrac{9}{2}(3x+1)^{\frac{1}{2}}=\dfrac{9}{2}\sqrt{3x+1}$

(4) $-10(5x+1)^{-3}=-\dfrac{10}{(5x+1)^3}$

問17 (1) $\dfrac{5}{3}$ (2) $\dfrac{1}{2}$ (3) 2

問18 (1) $\cos x-\sin x$

(2) $\cos^2 x-\sin^2 x\ (=\cos 2x)$

問19 (1) $3\cos(3x+2)$

(2) $2\sin(3-2x)$ (3) $\dfrac{3}{\cos^2 3x}$

問20 (1) $-2e^{-2x}$ (2) $x(x+2)e^x$

(3) $e^x(\sin x+\cos x)$

(4) $e^{2x}(2\cos 3x-3\sin 3x)$

(5) $\dfrac{e^x(x-1)}{x^2}$

(6) $y=\dfrac{1}{\sqrt{e^x}}=e^{-\frac{x}{2}}$ とせよ.

$-\dfrac{1}{2}e^{-\frac{x}{2}}=-\dfrac{1}{2\sqrt{e^x}}$

問21 (1) 3 (2) -2 (3) $\dfrac{3}{2}$

問22 (1) $\log x+1$ (2) $\dfrac{3}{3x-2}$ (3) $\dfrac{1}{x}$

問23 (1) $5^x\log 5$ (2) $-3^{-x}\log 3$

問24 (1) $\dfrac{1}{x\log 2}$ (2) $\dfrac{2}{(2x+1)\log 3}$

問25 (1) $\dfrac{2}{2x+1}$

(2) $\dfrac{-1}{3-x}\left(=\dfrac{1}{x-3}\right)$

問26 (1) $-2h=t$ とおけ． $\dfrac{1}{e^2}$

(2) $\dfrac{2}{x}=t$ とおけ． e^2

練習問題 1·A (p.29)

1. (1) 6 (2) 1 (3) 2 (4) ∞ (5) 5 (6) $\dfrac{3}{2}$

2. (1) $3x^2+2x+1$ (2) $\dfrac{5}{3}x^{\frac{2}{3}}=\dfrac{5}{3}\sqrt[3]{x^2}$

(3) $\dfrac{5x^2+3}{2\sqrt{x}}$ (4) $\dfrac{2}{(x+2)^2}$

(5) $20(4x+3)^4$

(6) $3(6x+2)^{-\frac{1}{2}}=\dfrac{3}{\sqrt{6x+2}}$

3. (1) $\dfrac{2}{3}$ (2) 2

4. (1) $-3\sin x+2\cos 2x$ (2) $\dfrac{1}{3\cos^2\dfrac{x}{3}}$

(3) $\cos 4x-4x\sin 4x$ (4) $2x(1+x)e^{2x}$

(5) $\dfrac{1-\log x}{x^2}$ (6) $3\cdot 2^{3x+4}\log 2$

(7) $\dfrac{2}{2x-3}$ (8) $\dfrac{4}{(4x-1)\log 3}$

5. $V=\dfrac{4}{3}\pi r^3$ を r について微分せよ．

$\dfrac{dV}{dr}=4\pi r^2$

6. $a=1,\ b=2$

練習問題 1·B (p.30)

1. (1) $x-\pi=\theta$ とおけ． 1

(2) $0\leqq|\sin x|\leqq 1$ を用いよ． 0

(3) $\dfrac{1}{2}$ (4) 0

(5) $-x=t$ とおけ． $-\dfrac{1}{2}$

(6) $-x=t$ とおけ． -1

2. (1) 分子 $\to 0\ (x\to 2)$ より $a=2$

(2) $\dfrac{1}{4}$

3. (1) $\dfrac{-2x^2+6x+2}{(x^2+1)^2}$

(2) $-\dfrac{x\sin x+\cos x}{x^2}$

(3) $\dfrac{(x^2+1)\cos x-2x\sin x}{(x^2+1)^2}$

(4) $\dfrac{3^{2x}(2\log 3-1)}{e^x}$

(5) $\log(2x+5)+\dfrac{2x}{2x+5}$

(6) $2e^{-3x}\left(-3\log_2 x+\dfrac{1}{x\log 2}\right)$

(7) $\dfrac{15t^2+4t-3}{2\sqrt{3t+1}}$

(8) $\dfrac{u+1}{(2u+1)\sqrt{2u+1}}$

(9) $-\dfrac{1}{\sqrt{x}(1+\sqrt{x})^2}$

(10) $\dfrac{2}{(\sin x+\cos x)^2}$

4. y' を求め，y' と y を左辺に代入せよ．

5. (1) $2h=k$ とおけ． $2f'(a)$

(2) $-h=k$ とおけ． $-f'(a)$

(3) $f(a+h)-f(a-h)$

$=f(a+h)-f(a)-\{f(a-h)-f(a)\}$

と変形せよ． $2f'(a)$

(4) $xf(a)-af(x)$

$=(x-a)f(a)-a\{f(x)-f(a)\}$

と変形せよ． $f(a)-af'(a)$

2 (p.31〜44)

問1 (1) $y=\log u,\ u=\sin x$

(2) $y=\dfrac{1}{u},\ u=x^2+1$

または $y=\dfrac{1}{u+1},\ u=x^2$

問2 (1) $5(x^2-x+1)^4(2x-1)$

(2) $-e^{\cos x}\sin x$ (3) $\dfrac{2x}{x^2-1}$

(4) $\dfrac{x}{\sqrt{x^2+1}}$

問3 (1) $-2\sin x\cos x$ (2) $\dfrac{2\tan x}{\cos^2 x}$

問4 (1) $-6\cos^2 2x\sin 2x$

(2) $2e^{4x}\{2\cos(x^2)-x\sin(x^2)\}$

(3) $\dfrac{15x^2\{\log(x^3+1)\}^4}{x^3+1}$

問5 (1) $\dfrac{4}{(x+1)(x-1)}$

(2) $\dfrac{4x^2+3}{x(x^2+1)}$

問6 (1) $x^x(\log x+1)$

(2) $x^{\cos x-1}(-x\sin x\log x+\cos x)$

問7 $f(y)=y^4$ について

$(\sqrt[4]{x})'=\dfrac{1}{f'(y)}$ を用いよ. $\dfrac{1}{4\sqrt[4]{x^3}}$

問8 (1) $\dfrac{\pi}{3}$ (2) $\dfrac{\pi}{4}$

問9 $A=\sin^{-1}\dfrac{4}{5},\ B=\sin^{-1}\dfrac{3}{5}$

問10 (1) $\dfrac{\pi}{4}$ (2) $\dfrac{\pi}{6}$ (3) $\dfrac{\pi}{6}$ (4) $\dfrac{\pi}{4}$

問11 $\cos y=x,\ \sin y=\sqrt{1-x^2}$ を逆三角関数で表せ.

問12 (1) $-\dfrac{\pi}{6}$ (2) $\dfrac{3}{4}\pi$ (3) 0

問13 (1) $-\dfrac{2}{\sqrt{1-4x^2}}$ (2) $\dfrac{1}{\sqrt{4-x^2}}$

(3) $\dfrac{1}{2\sqrt{x}\,(1+x)}$

問14 $\dfrac{x}{a}=u$ とおき, 合成関数の微分法を用いよ.

問15 $f(x)=x^4-5x+2$ とおき, $f(-1)=8,\ f(1)=-2$ となることを用いよ.

問16 $f(x)=\sin x-(x-1)$ とおき, $f(0)=1,\ f(\pi)=-\pi+1$ となることを用いよ.

練習問題 2·A (p.45)

1. (1) $12(2x+3)^5$ (2) $-\dfrac{2e^x}{(e^x+1)^3}$

(3) $2\sin^3\dfrac{x}{2}\cos\dfrac{x}{2}$ (4) $\dfrac{e^x\cos\sqrt{e^x+1}}{2\sqrt{e^x+1}}$

(5) $\dfrac{1}{x\log x}$

2. $f(y)=\dfrac{1}{y^2},\ \{f^{-1}(x)\}'=\dfrac{1}{f'(y)}$ を用いよ. $-\dfrac{1}{2x\sqrt{x}}$

3. $\dfrac{6}{2x-1}-\dfrac{1}{x+1}-\dfrac{4}{2x+1}$
$=\dfrac{14x+11}{(x+1)(2x+1)(2x-1)}$

4. $(\sin x)^{x-1}\{\sin x\log(\sin x)+x\cos x\}$

5. (1) $\dfrac{1}{\sqrt{2}}$ (2) $\dfrac{\pi}{6}$

6. (1) $\dfrac{\cos x}{1+\sin^2 x}$ (2) 0

7. $g(x)=f(x)-x$ とおき, $g(0)=f(0)$, $g(1)=f(1)-1$ となることを用いよ.

8. (1) 左辺 $=\dfrac{4e^x\cdot e^{-x}}{4}=$ 右辺

(2) 左辺 $=\dfrac{e^x-(-e^{-x})}{2}=$ 右辺

(3) 左辺 $=\dfrac{e^x+(-e^{-x})}{2}=$ 右辺

(4) 左辺 $=\dfrac{\cosh^2 x-\sinh^2 x}{\cosh^2 x}=$ 右辺

練習問題 2·B (p.46)

1. (1) $\dfrac{1}{x\sqrt{x^2-1}}$ (2) $-\dfrac{1}{(x+3)^2+1}$

(3) $\dfrac{3\sin x}{\cos^4 x}$ (4) $-\dfrac{2}{\tan^3 x\cos^2 x}$

(5) $\dfrac{4(x-1)}{\sqrt[3]{(3x-4)^2}}$ (6) $\dfrac{4\sin(1+2x)}{\cos^3(1+2x)}$

2. (1) $2x^{\log x-1}\log x$

(2) $(\log x)^{x-1}\{(\log x)\log(\log x)+1\}$

(3) $\dfrac{(x+3)(x-2)^2(x^2+6x+29)}{(x+1)^5}$

(4) $\dfrac{2(x-1)}{3(x+1)\sqrt[3]{(x+1)^2(x^2+1)^2}}$

3. $f(x)$ が偶関数のとき，$f(-x)=f(x)$ の両辺を x で微分する．

$f'(-x)\cdot(-1)=f'(x)$ より

$$f'(-x)=-f'(x)$$

よって，$f'(x)$ は奇関数である．

$f(x)$ が奇関数のときも同様にせよ．

4. $\displaystyle\lim_{x\to0}f(x)=\lim_{x\to0}\frac{2}{\sqrt{2x+1}+1}$

$=1=f(0)$

よって，$x=0$ で連続である．

5. (1) 微分係数の定義とはさみうちの原理を用いよ．0

(2) $x\fallingdotseq0$ のとき

$$f'(x)=2x\sin\frac{1}{x}-\cos\frac{1}{x}$$

$\displaystyle\lim_{x\to0}f'(x)$ が存在しないから，$x=0$ で連続ではない．

2章 微分の応用

1 (p.48〜59)

問1 (1) $y=12x-16$

(2) $y=2x+3$

(3) $y=-1$

(4) $y=\dfrac{1}{e^2}x+\dfrac{3}{e^2}$

問2 (1) $y=-\dfrac{1}{5}x+\dfrac{21}{5}$

(2) $x=\dfrac{\pi}{2}$

問3 (1) 単調に減少

(2) 単調に増加

問4 (1) $x>-2$ のとき増加

$x<-2$ のとき減少

x	$\cdots$	-2	$\cdots$
y'	$-$	0	$+$
y	↘	-3	↗

(2) $x<-1$, $x>2$ のとき増加

$-1<x<2$ のとき減少

x	$\cdots$	-1	$\cdots$	2	$\cdots$
y'	$+$	0	$-$	0	$+$
y	↗	14	↘	-13	↗

(3) $-1<x<0$, $x>1$ のとき増加

$x<-1$, $0<x<1$ のとき減少

x	$\cdots$	-1	$\cdots$	0	$\cdots$	1	$\cdots$
y'	$-$	0	$+$	0	$-$	0	$+$
y	↘	2	↗	3	↘	2	↗

問5 (1) 極大値 1 $(x=0)$

極小値 -3 $(x=2)$

x	$\cdots$	0	$\cdots$	2	$\cdots$
y'	$+$	0	$-$	0	$+$
y	↗	1	↘	-3	↗

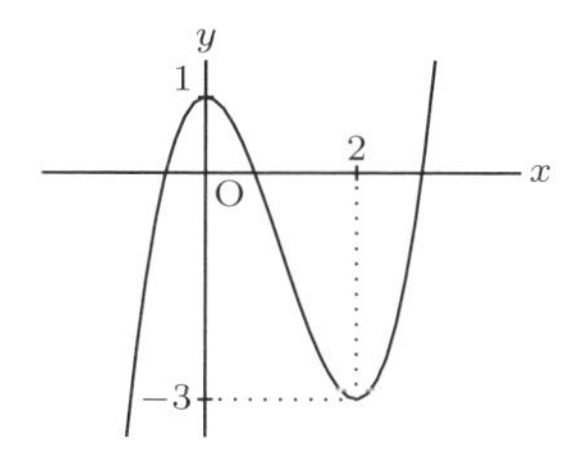

(2) 極大値 1 $(x=-1,\ 1)$

極小値 0 $(x=0)$

x	$\cdots$	-1	$\cdots$	0	$\cdots$	1	$\cdots$
y'	$+$	0	$-$	0	$+$	0	$-$
y	↗	1	↘	0	↗	1	↘

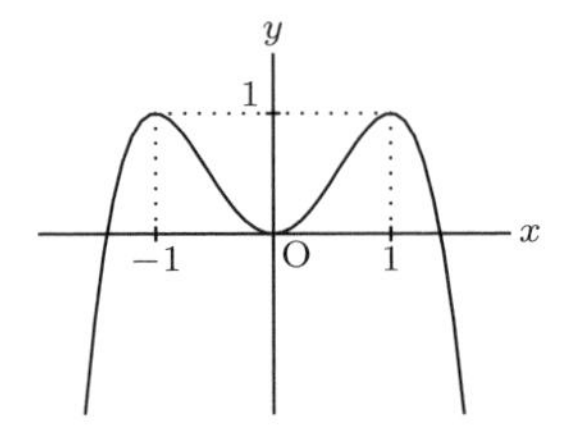

(3) 極小値 -9 $(x=2)$，極大値なし

x	$\cdots$	0	$\cdots$	2	$\cdots$
y'	$-$	0	$-$	0	$+$
y	↘	7	↘	-9	↗

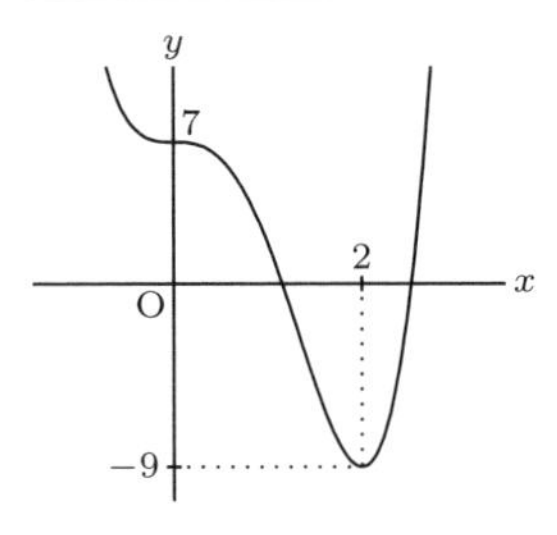

問6 $-16<a<16$

x	$\cdots$	-2	$\cdots$	2	$\cdots$
y'	$+$	0	$-$	0	$+$
y	↗	$a+16$	↘	$a-16$	↗

問7 (1) 最大値 12 $(x=-1)$

最小値 -4 $(x=1)$

x	-1	$\cdots$	1	$\cdots$	2
y'		$-$	0	$+$	
y	12	↘	-4	↗	3

(2) 最大値 $\dfrac{\pi}{6}+\sqrt{3}$ $\left(x=\dfrac{\pi}{6}\right)$

最小値 $\dfrac{5}{6}\pi-\sqrt{3}$ $\left(x=\dfrac{5}{6}\pi\right)$

x	0	$\cdots$	$\frac{\pi}{6}$	$\cdots$	$\frac{5\pi}{6}$	$\cdots$	π
y'		$+$	0	$-$	0	$+$	
y	2	↗	$\frac{\pi}{6}+\sqrt{3}$	↘	$\frac{5\pi}{6}-\sqrt{3}$	↗	$\pi-2$

(3) 最大値 $\dfrac{4}{e^2}$ $(x=2)$

最小値 0 $(x=0)$

x	0	$\cdots$	2	$\cdots$	3
y'		$+$	0	$-$	
y	0	↗	$\frac{4}{e^2}$	↘	$\frac{9}{e^3}$

(4) 最大値 0 $(x=0,\ 4)$

最小値 -1 $(x=1)$

x	0	$\cdots$	1	$\cdots$	4
y'	／	$-$	0	$+$	
y	0	↘	-1	↗	0

問8 (1) $S=\dfrac{2(1+x)^2}{x}$, $x>0$

(2) $x=1$

問9 (1) $y=e^x-(x+1)$ とおき y の増減を調べよ.

(2) $y=x-\tan^{-1}x$ とおけ.

問10 (1) $\dfrac{8}{9}$ (2) -1 (3) $\dfrac{2}{5}$

問11 (1) $\dfrac{3}{10}$ (2) 6

問12 (1) 2 (2) 0

●練習問題 1・A (p.60)

1. 接線 $y=5x-2$

法線 $y=-\dfrac{1}{5}x+\dfrac{16}{5}$

2. (1) 極大値 10 $(x=0)$

極小値 -17 $(x=\pm\sqrt{3})$

x	$\cdots$	$-\sqrt{3}$	$\cdots$	0	$\cdots$	$\sqrt{3}$	$\cdots$
y'	$-$	0	$+$	0	$-$	0	$+$
y	↘	-17	↗	10	↘	-17	↗

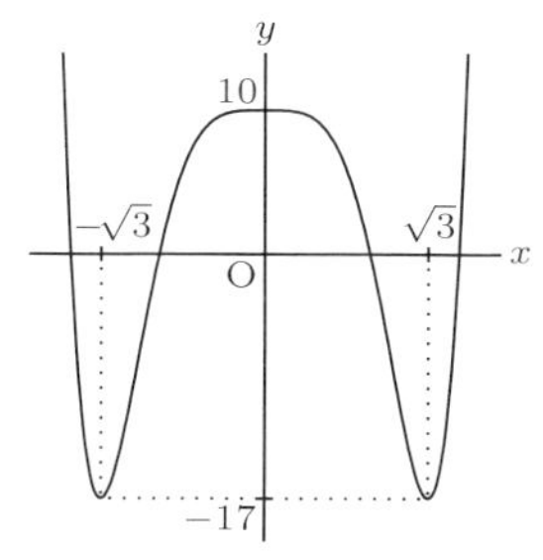

(2) 極大値 1 $\left(x=\dfrac{\pi}{2}\right)$

極小値 -1 $\left(x=\dfrac{3}{2}\pi\right)$

x	0	$\cdots$	$\frac{\pi}{2}$	$\cdots$	π	$\cdots$	$\frac{3}{2}\pi$	$\cdots$	2π
y'		+	0	−	0	−	0	+	
y	0	↗	1	↘	0	↘	−1	↗	0

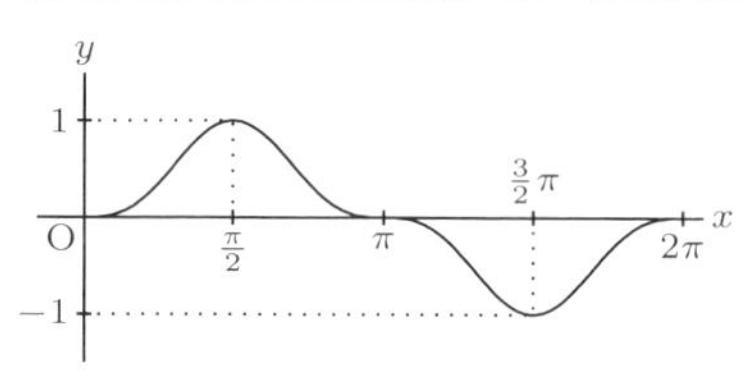

3. (1) 最大値 3 $(x=-1)$

最小値 -55 $(x=-2)$

x	−2	$\cdots$	−1	$\cdots$	0	$\cdots$	1
y'		+	0	−	0	−	
y	−55	↗	3	↘	1	↘	−1

(2) 最大値 1 $(x=1)$

最小値 $4-8\log 2$ $(x=2)$

x	1	$\cdots$	2	$\cdots$	e
y'		−	0	+	
y	1	↘	$4-8\log 2$	↗	e^2-8

(3) 最大値 $1-\dfrac{\sqrt{3}}{6}\pi$ $\left(x=\dfrac{\pi}{6}\right)$

最小値 $-1-\dfrac{11\sqrt{3}}{6}\pi$ $\left(x=\dfrac{11}{6}\pi\right)$

x	0	$\cdots$	$\frac{\pi}{6}$	$\cdots$	$\frac{11\pi}{6}$	$\cdots$	2π
y'		+	0	−	0	+	
y	0	↗	$1-\frac{\sqrt{3}\pi}{6}$	↘	$-1-\frac{11\sqrt{3}\pi}{6}$	↗	$-2\sqrt{3}\pi$

4. (1) $V=x(15-2x)^2,\ 0<x<\dfrac{15}{2}$

(2) $x=\dfrac{5}{2}$

5. (1) $V=\dfrac{\pi}{4}x(16-x^2)\quad(0<x<4)$

(2) $x=\dfrac{4}{\sqrt{3}}$

6. $y=x-\log(x+1)$ とおけ.

7. (1) 2 (2) $\dfrac{\pi^2}{2}$

練習問題 1·B (p.61)

1. $y=-2x-1$ と $y=10x-25$

2. $2\pi r^2+2\pi rx=1$ より $x=\dfrac{1}{2\pi r}-r$

体積が最大となるとき $\dfrac{x}{r}=2$

3. 増減表を用いて示せ. $a=16$

x	$\cdots$	$-\sqrt{a}$	$\cdots$	0	$\cdots$	$\sqrt{a}$	$\cdots$
y'	+	0	−		−	0	+
y	↗	$-2\sqrt{a}$	↘		↘	$2\sqrt{a}$	↗

4. (1) 極大値 20 $(x=-2)$

極小値 -7 $(x=1)$

x	$\cdots$	−2	$\cdots$	1	$\cdots$
y'	+	0	−	0	+
y	↗	20	↘	−7	↗

(2) $k<-7,\ k>20$ のとき 1 個

$k=-7,\ 20$ のとき 2 個

$-7<k<20$ のとき 3 個

5. (1) $y=-\dfrac{a}{t^2}x+\dfrac{2a}{t}$

(2) $\mathrm{A}(2t,\ 0),\ \mathrm{B}\left(0,\ \dfrac{2a}{t}\right)$

(3) P が線分 AB の中点であることを示せ.

6. (1) $S=\left(t+\dfrac{1}{2}\right)^2e^{-2t}\ (t>0)$

(2) $\left(\dfrac{1}{2},\ \dfrac{1}{e}\right)$

2 (p.62〜78)

問1 (1) $-\dfrac{2}{9}x^{-\frac{4}{3}}$ (2) $180(3x+4)^3$
(3) $(x+2)e^x$

問2 (1) $3^n e^{3x}$ (2) $\dfrac{n!}{(1-x)^{n+1}}$

問3 $-24\sin x - 36x\cos x$
$+ 12x^2\sin x + x^3\cos x$

問4 (1) 極大値 2 $(x=-1)$
極小値 -2 $(x=1)$
変曲点 $(0,\ 0)$

x	$\cdots$	-1	$\cdots$	0	$\cdots$	1	$\cdots$
y'	$+$	0	$-$	$-$	$-$	0	$+$
y''	$-$	$-$	$-$	0	$+$	$+$	$+$
y	↗	2	↘	0	↘	-2	↗

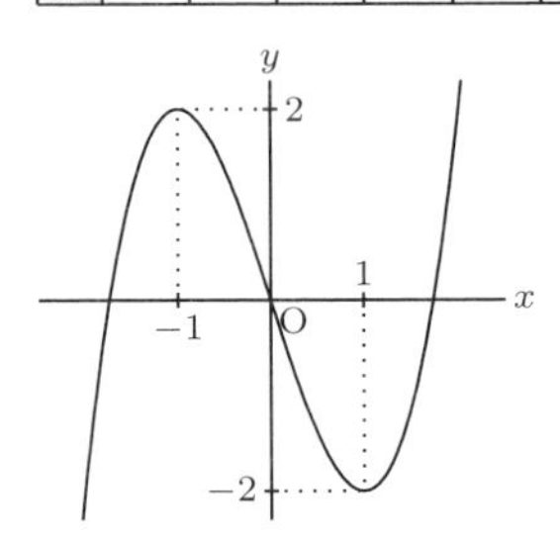

(2) 極小値 -27 $(x=3)$
変曲点 $(0,\ 0)$, $(2, -16)$

x	$\cdots$	0	$\cdots$	2	$\cdots$	3	$\cdots$
y'	$-$	0	$-$	$-$	$-$	0	$+$
y''	$+$	0	$-$	0	$+$	$+$	$+$
y	↘	0	↘	-16	↘	-27	↗

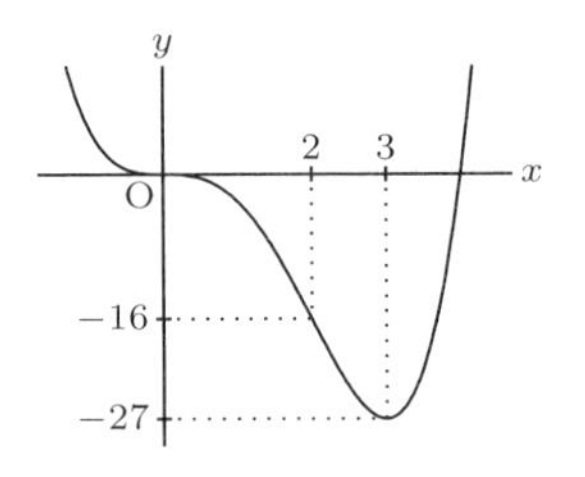

問5 (1) 極大値 $\dfrac{1}{e}$ $(x=1)$
変曲点 $\left(2,\ \dfrac{2}{e^2}\right)$

x	$\cdots$	1	$\cdots$	2	$\cdots$
y'	$+$	0	$-$	$-$	$-$
y''	$-$	$-$	$-$	0	$+$
y	↗	$\frac{1}{e}$	↘	$\frac{2}{e^2}$	↘

(2) ロピタルの定理を用いよ.
$\lim_{x\to\infty} f(x) = 0$

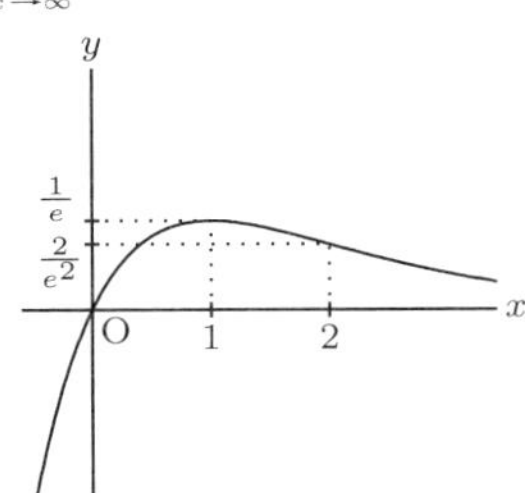

問6 $\dfrac{(\log x)^2}{\dfrac{1}{x}}$ と変形して，ロピタルの定理を繰り返し用いよ.
極大値 $\dfrac{4}{e^2}$ $\left(x=\dfrac{1}{e^2}\right)$
極小値 0 $(x=1)$，変曲点 $\left(\dfrac{1}{e},\ \dfrac{1}{e}\right)$

x	0	$\cdots$	$\frac{1}{e^2}$	$\cdots$	$\frac{1}{e}$	$\cdots$	1	$\cdots$
y'	／	$+$	0	$-$	$-$	$-$	0	$+$
y''	／	$-$	$-$	$-$	0	$+$	$+$	$+$
y	／	↗	$\frac{4}{e^2}$	↘	$\frac{1}{e}$	↘	0	↗

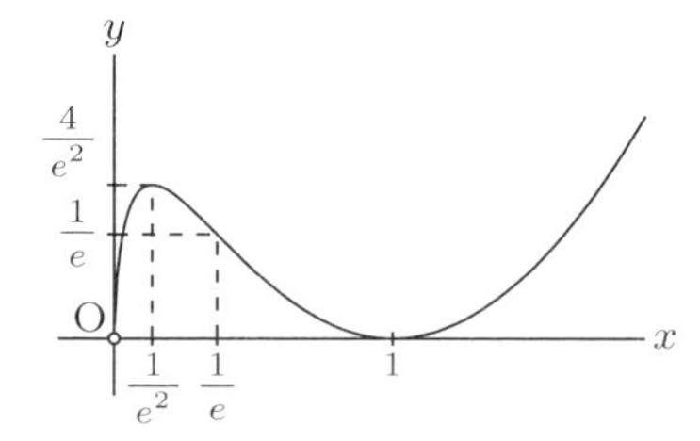

問7

t	0	0.5	1	1.5	2
x	1	0.94	0.75	0.44	0
y	0	0.71	1	1.22	$\sqrt{2}$

t	2.5	3	3.5	4
x	-0.56	-1.25	-2.06	-3
y	1.58	1.73	1.87	2

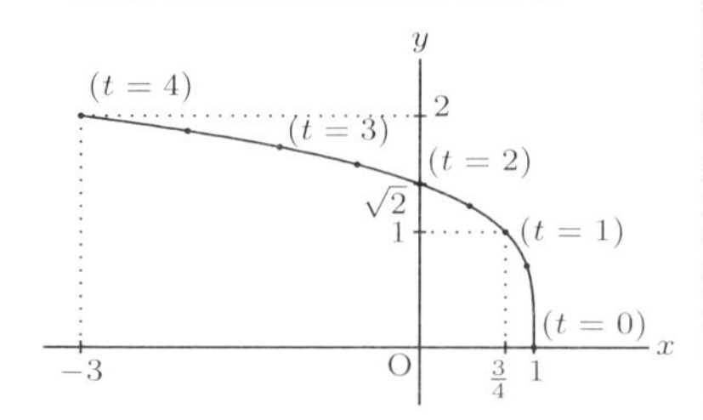

問8 $\dfrac{x}{3} = \cos t,\ \dfrac{y}{2} = \sin t$ として

$\cos^2 t + \sin^2 t = 1$ を利用せよ.

問9 (1) $-\tan t \quad \left(t \neq \dfrac{n}{2}\pi\right)$

(2) $\dfrac{e^t + e^{-t}}{e^t - e^{-t}} \quad (t \neq 0)$

問10 (1) $(2,\ 0),\ \ y = -\dfrac{1}{2}x + 1$

(2) $\left(\sqrt{3},\ -\dfrac{1}{2}\right),\ \ y = -\sqrt{3}x + \dfrac{5}{2}$

問11 (1) $v(t) = -9.8\,t + 29.4\,(\mathrm{m/s})$

$\alpha(t) = -9.8\,(\mathrm{m/s^2})$

(2) 3 秒, $45.9\,\mathrm{m}$

● 練習問題 2・A (p.79)

1. (1) 極小値 2 $(x = 1)$

変曲点 $\left(3,\ \dfrac{4}{\sqrt{3}}\right)$

x	0	$\cdots$	1	$\cdots$	3	$\cdots$
y'	／	$-$	0	$+$	$+$	$+$
y''	／	$+$	$+$	$+$	0	$-$
y	／	↘	2	↗	$\frac{4}{\sqrt{3}}$	↗

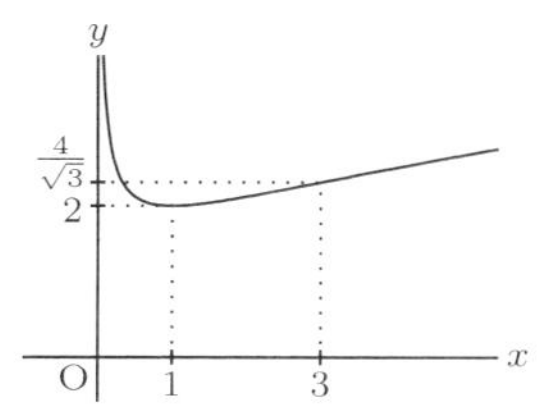

(2) 極大値 $\dfrac{5}{3}\pi + \sqrt{3} \quad \left(x = \dfrac{5}{3}\pi\right)$

極小値 $\dfrac{\pi}{3} - \sqrt{3} \quad \left(x = \dfrac{\pi}{3}\right)$

変曲点 $(\pi,\ \pi)$

x	0	$\cdots$	$\frac{\pi}{3}$	$\cdots$	π	$\cdots$	$\frac{5\pi}{3}$	$\cdots$	2π
y'		$-$	0	$+$	$+$	$+$	0	$-$	
y''		$+$	$+$	$+$	0	$-$	$-$	$-$	
y	0	↘	$\frac{\pi}{3}-\sqrt{3}$	↗	π	↗	$\frac{5\pi}{3}+\sqrt{3}$	↘	2π

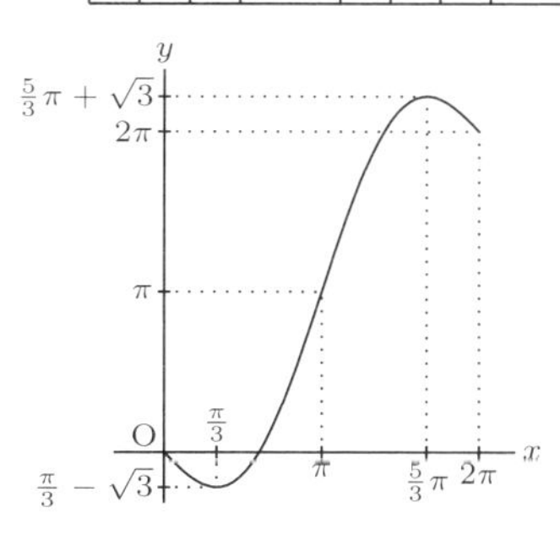

(3) 極大値 1 $(x = 0)$

変曲点 $\left(\pm\dfrac{1}{\sqrt{3}},\ \dfrac{3}{4}\right)$

x	$\cdots$	$-\frac{1}{\sqrt{3}}$	$\cdots$	0	$\cdots$	$\frac{1}{\sqrt{3}}$	$\cdots$
y'	$+$	$+$	$+$	0	$-$	$-$	$-$
y''	$+$	0	$-$	$-$	$-$	0	$+$
y	↗	$\frac{3}{4}$	↗	1	↘	$\frac{3}{4}$	↘

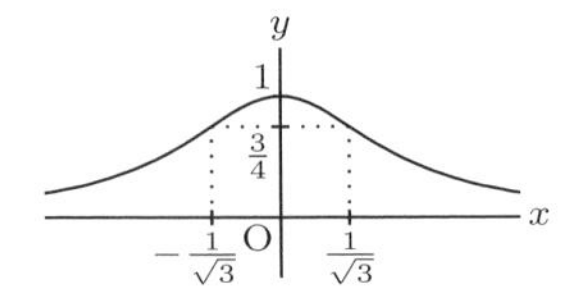

(4) 極大値 $\dfrac{1}{\sqrt{2}}e^{\frac{\pi}{4}}$ $\left(x=\dfrac{\pi}{4}\right)$

変曲点 (0, 1)

x	$-\frac{\pi}{2}$	$\cdots$	0	$\cdots$	$\frac{\pi}{4}$	$\cdots$	$\frac{\pi}{2}$
y'		$+$	$+$	$+$	0	$-$	
y''		$+$	0	$-$	$-$	$-$	
y	0	↗	1	↗	$\frac{1}{\sqrt{2}}e^{\frac{\pi}{4}}$	↘	0

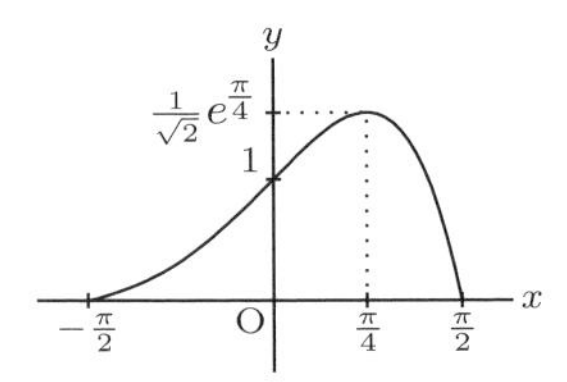

2. (1)

t	-2	-1	0	1	2
x	-1	1	3	5	7
y	3	2	1	0	-1

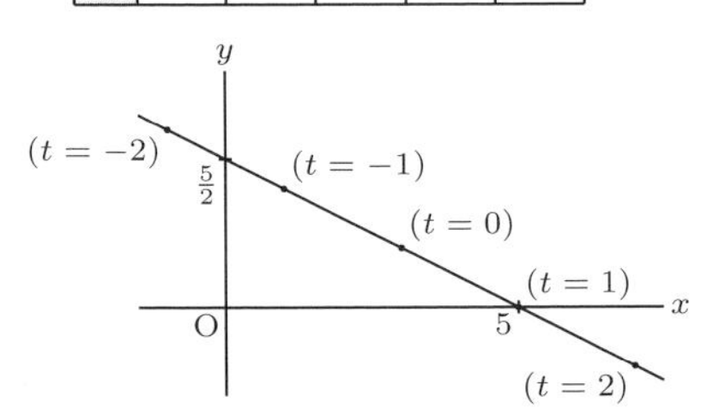

(2)

t	-1.5	-1	-0.5	0	0.5	1	1.5
x	-3.375	-1	-0.125	0	0.125	1	3.375
y	2.25	1	0.25	0	0.25	1	2.25

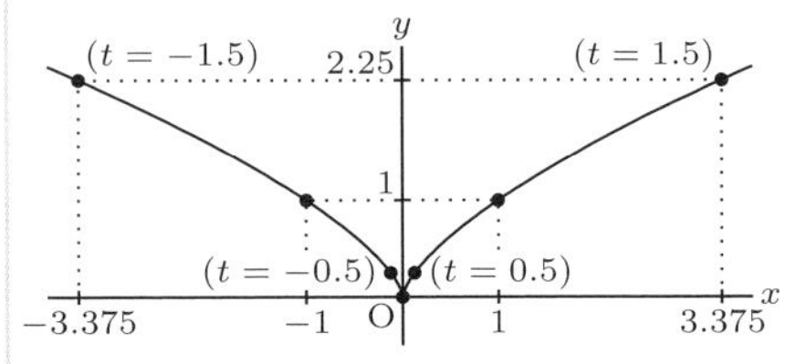

3. (1) $\dfrac{dy}{dx}=\dfrac{5}{4t-3}$

(2) $\dfrac{dy}{dx}=-\sin t\cos t$

(3) $\dfrac{dy}{dx}=-2t(1+t^2)\,e^{-t^2}$

(4) $\dfrac{dy}{dx}=-\dfrac{2t^2}{(1+t^2)^2}$

4. (1) $y=\dfrac{2e}{3}x-\dfrac{e}{3}$

(2) $y=\dfrac{3}{2}x-\dfrac{3}{2}-\sqrt{2}$

5. x'' を計算し，$x''=-\omega^2x$ となることを示せ．

練習問題 2·B (p.80)

1. (1) $\tan^{-1}x$ の微分公式を用いよ．

(2) ライプニッツの公式を用いて，(1) の両辺の第 n 次導関数を求めよ．

2. (1) 媒介変数表示の関数の微分法の公式を用いよ．

(2) $\dfrac{{x_0}^2}{a^2}+\dfrac{{y_0}^2}{b^2}=1$ を用いよ．

3. 水面の高さを $x$cm とすると

水面の上がる速さは　$\dfrac{dx}{dt}$

$\dfrac{\pi}{12}x^3=20t$ の両辺を t で微分せよ．

$\dfrac{4}{5\pi}$ (cm/分)

4. (1) $x = 5\sqrt{300 + 20t - t^2}$

(2) $v = \dfrac{50 - 5t}{\sqrt{300 + 20t - t^2}}$

3章 積分法

 (p.82〜98)

問1 (1) $\dfrac{1}{6}x^6 + C$ (2) $-\dfrac{1}{x} + C$

(3) $2\sqrt{x} + C$

問2 (1) $\dfrac{1}{2}x^4 + x^3 - x^2 + 5x + C$

(2) $3\sin x + 4e^x + C$

(3) $-6\cos x + 2\log|x| + C$

(4) 展開して求めよ. $\dfrac{1}{3}x^3 - 2x - \dfrac{1}{x} + C$

問3 (1) $\dfrac{1}{20}(4x+1)^5 + C$

(2) $-\dfrac{1}{3}\cos 3x + C$

(3) $\dfrac{1}{5}e^{5x+2} + C$

問4 (1) $S_\Delta = \dfrac{1}{2}\left(1 + \dfrac{1}{n}\right)$

(2) (1) で求めた S_Δ について, $\displaystyle\lim_{\Delta x_k \to 0} S_\Delta$ を求めよ.

問5 (1) $\dfrac{5}{2}$ (2) $-\dfrac{5}{6}$

問6 (1) 1 (2) $\dfrac{3}{4}$

問7 (1) 18 (2) $\dfrac{3}{2} + 2\log 2$

(3) $5\sqrt{2}$ (4) $2\left(e^2 - \dfrac{1}{e^2}\right)$

問8 (1) 8 (2) $\sqrt{3}$

問9 (1) $\log 3$ (2) $e^2 - 1$

問10 $\dfrac{9}{2}$

問11 (1) $-\cot x - x + C$

(2) $2\tan x + 5\sin x + C$

問12 (1) $\sin^{-1}\dfrac{x}{4} + C$

(2) $\log\left|x + \sqrt{x^2 - 16}\right| + C$

(3) $\dfrac{x^2+3}{x^2+1} = 1 + \dfrac{2}{x^2+1}$ と変形せよ.

$x + 2\tan^{-1}x + C$

問13 (1) $\log\sqrt{7}$ (2) $\dfrac{5}{36}\pi$

練習問題 1・A (p.99)

1. (1) $\dfrac{1}{2}x^2 - 2x + 3\log|x| + \dfrac{1}{x} + C$

(2) $2x^2 - 2x + \dfrac{1}{4}\log x + C$

(3) $\dfrac{1}{6}e^{6x} - \dfrac{1}{3}\sin 3x + C$

(4) $\dfrac{1}{6}\log|6x+5| + C$

2. (1) -4 (2) $12\sqrt{2} - 8$

(3) $\dfrac{1}{4}(e^{2\pi} - 1)$ (4) 6

3. (1) $\dfrac{1}{5}\tan^{-1}\dfrac{x}{5} + C$

(2) $\log\left|x(x + \sqrt{x^2+2})\right| + C$

(3) $\dfrac{2}{3}\pi$ (4) $\dfrac{\pi}{6\sqrt{3}}$

4. 偶関数, 奇関数に関する定積分の性質を用いよ. $a = -45$, $b = 3$, $c = 15$

5. $\cosh x$, $\sinh x$ をそれぞれ微分せよ.

6. $\dfrac{37}{24}$

練習問題 1・B (p.100)

1. $(x-\alpha)(x-\beta)$ を展開せよ.

2. $\displaystyle\int_{-1}^{1} f(t)\,dt$ を定数 C とおけ.

$f(x) = 5x^4 - 4x^3 + 2x - 2$

3. $f(x)=2x^2+2x+2$

4. (1) $\displaystyle\int_{-x}^{x} f(t)\,dt$

$$=\int_{-x}^{0} f(t)\,dt+\int_{0}^{x} f(t)\,dt$$

を用いよ.

(2) $S'(x)=f(x)$ を用いよ.

5. (1) $0\leqq x\leqq 1$ のとき

$$x^2\leqq\sqrt{x}\leqq 1$$

であることを用いよ.

(2) 定積分の大小関係を用いよ.

6. (1) $\triangle\mathrm{OPQ}=\dfrac{1}{2}t\sqrt{a^2-t^2}$

扇形 $\mathrm{OPB}=\dfrac{1}{2}a^2\sin^{-1}\dfrac{t}{a}$

(2) $\dfrac{1}{2}\left(t\sqrt{a^2-t^2}+a^2\sin^{-1}\dfrac{t}{a}\right)$

2 (p.101～116)

問1 (1) $\dfrac{1}{3}\sin^3 x+\sin x$

(2) $\dfrac{1}{3}\sqrt{(2x+3)^3}$ (3) $-\dfrac{1}{4(x^2+1)^2}$

(4) $\dfrac{1}{3}e^{x^3}$

問2 (1) $\log|\sin x|$ (2) $\log(e^x+4)$

(3) $\dfrac{1}{2}\log(x^2+5)$

問3 (1) $\dfrac{5}{4}$ (2) $\log 2$ (3) $\dfrac{1}{6}$

問4 (1) xe^x-e^x (2) $x\sin x+\cos x$

問5 (1) $\dfrac{1}{2}x^2\log x-\dfrac{1}{4}x^2$

(2) $-\dfrac{1}{x}(\log x+1)$

問6 (1) $(x^2-2x+2)e^x$

(2) $x^2\sin x+2x\cos x-2\sin x$

(3) $x(\log x)^2-2x\log x+2x$

問7 (1) 1 (2) $\dfrac{\pi}{2}-1$

(3) 1 (4) $\pi-2$

問8 (1) $\log|x-3|-\dfrac{3}{x-3}$

(2) $\dfrac{2}{3}\sqrt{(x+2)^3}-4\sqrt{x+2}$

(3) $\dfrac{2}{7}\sqrt{(x+1)^7}-\dfrac{4}{5}\sqrt{(x+1)^5}+\dfrac{2}{3}\sqrt{(x+1)^3}$

(4) $\dfrac{1}{18}(2x-1)^9+\dfrac{1}{16}(2x-1)^8$

問9 (1) $\dfrac{9}{2}\pi$ (2) $\dfrac{\pi}{3}+\dfrac{\sqrt{3}}{2}$

問10 $I=\displaystyle\int e^{ax}\cos bx\,dx$ とおき

例題 10 と同様にせよ.

問11 (1) $\dfrac{e^{2x}}{13}(2\sin 3x-3\cos 3x)$

(2) $\dfrac{e^{3x}}{25}(3\cos 4x+4\sin 4x)$

問12 (1) $\dfrac{1}{2}x^2-x+3\log|x+1|$

(2) $\log\left|(x-2)^3(x+1)\right|$

問13 (1) $a=-1,\ b=1,\ c=1$

(2) $\log\left|\dfrac{x+1}{x}\right|-\dfrac{1}{x}$

問14 $\dfrac{1}{x^2-a^2}=\dfrac{1}{2a}\left(\dfrac{1}{x-a}-\dfrac{1}{x+a}\right)$

を用いよ.

問15 部分積分法を用いよ.

問16 $\dfrac{\pi a^2}{4}$

問17 (1) $\dfrac{2}{3}\pi-\dfrac{\sqrt{3}}{2}$

(2) $\dfrac{\sqrt{2}}{2}+\dfrac{1}{2}\log(1+\sqrt{2})$

問18 (1) $-\dfrac{1}{10}\cos 5x+\dfrac{1}{2}\cos x$

(2) $\dfrac{1}{14}\sin 7x+\dfrac{1}{2}\sin x$

(3) $-\dfrac{1}{14}\sin 7x+\dfrac{1}{6}\sin 3x$

(4) $\dfrac{1}{2}\log\dfrac{1+\sin x}{1-\sin x}$

問 19 (1) $\dfrac{16}{35}$ (2) $\dfrac{\pi}{32}$

練習問題 2·A (p.117)

1. (1) $\dfrac{1}{2}\log(x^2+4)$ (2) $\dfrac{1}{3}(\log x)^3$

(3) $\sin x+\dfrac{1}{5}\sin^5 x$ (4) $-\sqrt{9-x^2}$

(5) $\dfrac{1}{2}(2x+1)\sin 2x+\dfrac{1}{2}\cos 2x$

(6) $-(x^2+2x+2)e^{-x}$

2. (1) $\sin^2 x=\dfrac{1-\cos 2x}{2}$ を用いよ.

$\dfrac{1}{2}x-\dfrac{1}{4}\sin 2x$

(2) $\sin^3 x=(1-\cos^2 x)\sin x$ を用いよ.

$\dfrac{1}{3}\cos^3 x-\cos x$

3. (1) $\dfrac{1}{3}\left(e-\dfrac{1}{e}\right)^3$ (2) $\dfrac{1}{2}(e^2-1)$

(3) $6-2e$ (4) $\dfrac{\pi}{4}-3\sqrt{2}+6$

4. $\dfrac{\pi}{8}$

5. (1) $\dfrac{\pi}{6}$ (2) $\dfrac{1}{2a^3}\left(\dfrac{\pi}{3}+\dfrac{\sqrt{3}}{4}\right)$

6. 積を和・差に直す公式を用いよ.

練習問題 2·B (p.118)

1.

(1) $-\cos x+\dfrac{2}{3}\cos^3 x-\dfrac{1}{5}\cos^5 x$

(2) $\tan x+\dfrac{1}{\cos x}=\tan x+\sec x$

(3) $\log(x^2+2x+2)+3\tan^{-1}(x+1)$

(4) $\dfrac{1}{2}(x^2-1)\log(x-1)-\dfrac{1}{4}x(x+2)$

2. (1) $\cos x=t$ とおけ. $\dfrac{\pi}{2}$

(2) $\cos^2\dfrac{x}{2}=\dfrac{1+\cos x}{2}$ を用いよ.

$\sqrt{6}-2$

(3) $1+\tan^2 x=\dfrac{1}{\cos^2 x}$ を用いよ.

$\dfrac{1}{2}(1-\log 2)$

3. (1) $a=4,\ b=-1,\ c=-3,\ d=3$

(2) $\log\dfrac{x^4}{|(x+1)(x-1)^3|}-\dfrac{3}{x-1}$

4. $x^2+1=\left(\dfrac{e^t-e^{-t}}{2}\right)^2+1$

$=\left(\dfrac{e^t+e^{-t}}{2}\right)^2$

$dx=\dfrac{e^t+e^{-t}}{2}dt$ だから

左辺 $=\displaystyle\int\dfrac{dx}{\sqrt{x^2+1}}=\int dt=t$

ここで, $x=\dfrac{e^t-e^{-t}}{2}$ を変形すると

$x=\dfrac{(e^t)^2-1}{2e^t}\Leftrightarrow (e^t)^2-2xe^t-1=0$

2 次方程式の解の公式を用いると, $e^t>0$ より $e^t=x+\sqrt{x^2+1}$

よって 左辺 $=t=$ 右辺

5. (1) $x=\pi-t$ として, 置換積分法を用いよ.

(2) $\dfrac{32}{35}$

6. 部分積分法を用いよ.

$x(\log x)^3-3x(\log x)^2+6x\log x-6x$

4章 積分の応用

1 (p.120〜129)

問1 (1) $\dfrac{9}{2}$ (2) $\dfrac{16}{3}$

問2 (1) 4 (2) $\dfrac{7}{2}$

問3 $\dfrac{1}{2}\left(e^2-\dfrac{1}{e^2}\right)$

問4 $\dfrac{1}{3}\pi r$

問5 $S(x)=\dfrac{1}{2}\left(\sqrt{r^2-x^2}\right)^2$ であることを用いよ．$\dfrac{2}{3}r^3$

問6 (1) $\dfrac{8}{5}\pi$ (2) $\dfrac{\pi^2}{2}$ (3) $\dfrac{1}{3}\pi r^2h$

練習問題 1・A (p.130)

1. (1) $\dfrac{8}{3}$ (2) $\dfrac{27}{2}$

2. (1) $y=\dfrac{1}{2}x+\dfrac{1}{2}$ (2) $\dfrac{1}{12}$

3. $\dfrac{2}{3}(2\sqrt{2}-1)$

4. $\dfrac{\pi}{60}$

5. (1) $\dfrac{\pi}{4}(e^4-1)$ (2) $\dfrac{\pi}{4}(e^4+8-e^{-4})$

6. (1) $\dfrac{4}{3}\pi ab^2$ (2) $\dfrac{1}{3}\pi r^2h$

練習問題 1・B (p.131)

1. $\dfrac{2}{3}$

2. (1) $\dfrac{3}{2}+\dfrac{1}{4}\log 2$

(2) $\sqrt{5}+\dfrac{1}{2}\log(2+\sqrt{5})$

(3) $y=\dfrac{2}{3}x^{\frac{3}{2}}-\dfrac{1}{2}x^{\frac{1}{2}}$ として計算せよ．

$\dfrac{31}{6}$

3. 点Pの x 座標を x とするとき，△CDE の面積は a^2-x^2 であることを用いよ．

$\dfrac{4}{3}a^3$

4. $\dfrac{2}{15}\pi$

5. $2\pi^2a^2b$

6. $\pi\displaystyle\int_0^{\frac{r}{2}}\left(\sqrt{r^2-x^2}\right)^2dx$ を求めよ．

$\dfrac{11}{24}\pi r^3$

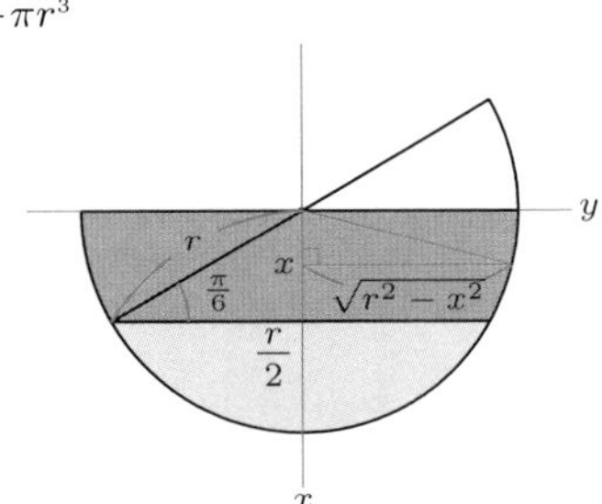

2 (p.132〜147)

問1 (1) $\dfrac{1}{3}$ (2) $\dfrac{1}{2}\pi a^2$

問2 (1) $2\pi a$ (2) $\sqrt{2}\left(e^{\frac{\pi}{2}}-1\right)$

問3 $\dfrac{4}{3}\pi a^3$

問4 $\dfrac{\pi}{6}$

問5 (1) $(1,\ \sqrt{3})$ (2) $(-\sqrt{3},\ 0)$

(3) $(0,\ -4)$

問6 (1) $\left(2,\ \dfrac{\pi}{6}\right)$

(2) $\left(\sqrt{2},\ -\dfrac{\pi}{4}\right)$ または $\left(\sqrt{2},\ \dfrac{7}{4}\pi\right)$

(3) $\left(2,\ \dfrac{7}{6}\pi\right)$ または $\left(2,\ -\dfrac{5}{6}\pi\right)$

問7 (1) 原点を中心とする半径3の円

(2) 図の半直線

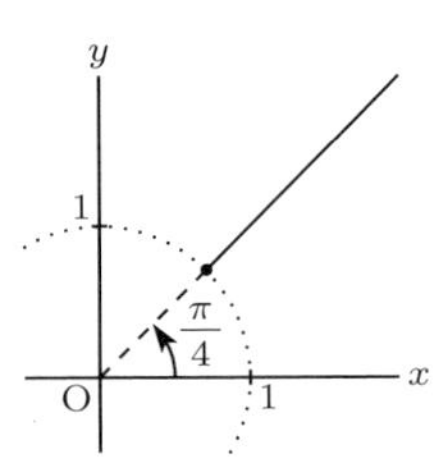

問8 (1)

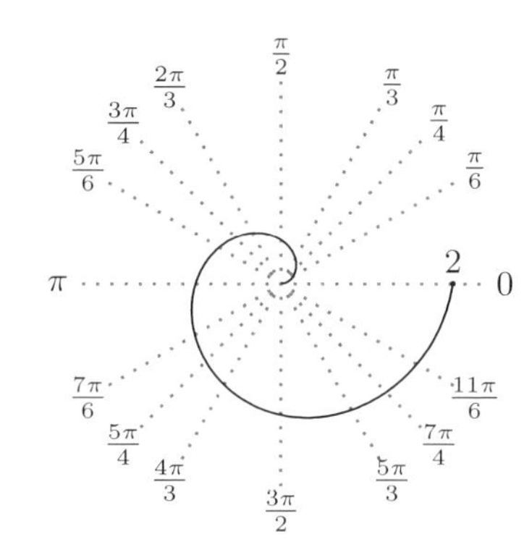

(2)

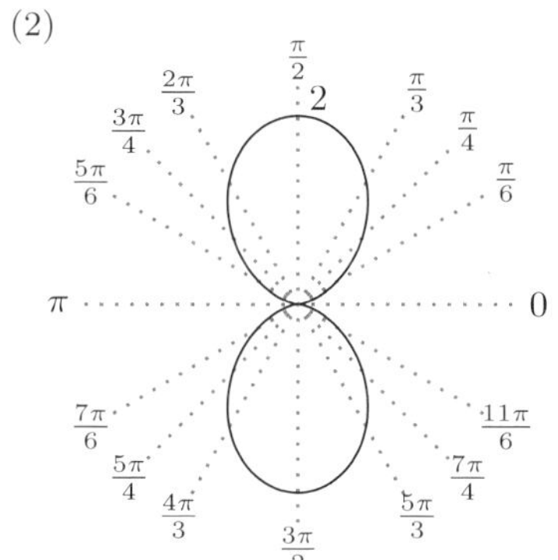

問9　(1) $\dfrac{7}{12}\pi^3$　(2) $\dfrac{1}{4}(1-e^{-2\pi})$

(3) $0 \leqq \theta \leqq \dfrac{\pi}{4}$ で計算し，8 倍せよ．$\dfrac{\pi}{2}$

問10　(1) $\sqrt{2}\pi$　(2) $\dfrac{3}{2}\pi$

問11　(1) 2　(2) 2　(3) π

問12　$\log(2+\sqrt{3})$

問13　(1) $\dfrac{1}{2}$　(2) $\dfrac{1}{3}$　(3) $\dfrac{\pi}{3}$

問14　$7+6\sin\left(2t+\dfrac{\pi}{6}\right)$

問15　(1) $N(t)=N_0\,e^{-\lambda t}$　(2) $\dfrac{\log 2}{\lambda}$

● 練習問題 2·A　(p.148)

1. (1) $\dfrac{8}{3}$　(2) $\dfrac{3}{8}\pi$

2. (1) $\dfrac{1}{3}(2\sqrt{2}-1)$

(2) $\pi\sqrt{4\pi^2+1}+\dfrac{1}{2}\log(2\pi+\sqrt{4\pi^2+1})$

3. $\dfrac{3}{7}\pi$

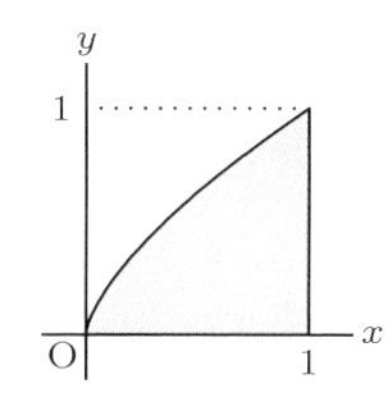

4. (1) $\sqrt{2}$　(2) a　(3) $\dfrac{1}{2}$

(4) 存在しない（$-\infty$）

5. (1) $12-8t,\ t=\dfrac{3}{2}$

(2) $\displaystyle\int_0^4 |12-8t|\,dt$

$\displaystyle = \int_0^{\frac{3}{2}} (12-8t)\,dt + \int_{\frac{3}{2}}^4 (8t-12)\,dt$

を計算せよ．34

● 練習問題 2·B　(p.149)

1. (1) 余弦定理を用いよ．または，P_1, P_2 を直交座標で表して 2 点間の距離の公式を用いよ．

(2) $r=2\cos\theta$

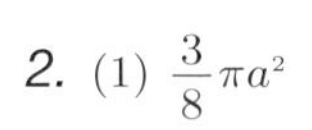

2. (1) $\dfrac{3}{8}\pi a^2$

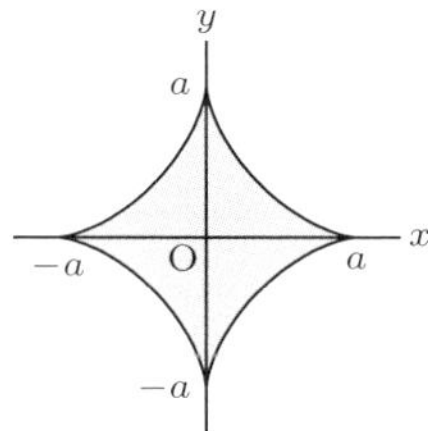

(2) $6a$

(3) $\dfrac{32}{105}\pi a^3$

3. (1)

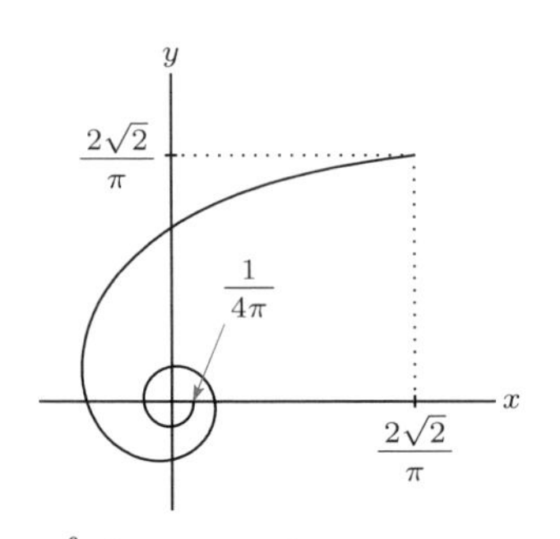

(2) $\displaystyle\int \frac{1}{\theta^2}\,d\theta = -\frac{1}{\theta}$ と部分積分法を用いよ.

$$-\frac{1}{4\pi}\sqrt{16\pi^2+1}+\frac{1}{\pi}\sqrt{\pi^2+16}$$
$$+\log\left(4\pi+\sqrt{16\pi^2+1}\right)$$
$$-\log\left(\frac{\pi}{4}+\frac{1}{4}\sqrt{\pi^2+16}\right)$$

4. $0<k<1,\ k=1,\ k>1$ に分けて広義積分を考えよ.

5. $0<k<1,\ k=1,\ k>1$ に分けて広義積分を考えよ.

索引

ア

アークコサイン arccosine …… 36
アークサイン arcsine …… 36
アークタンジェント arctangent …… 36
アルキメデスの渦巻線 Archimedean spiral …… 138

ウ

上に凸 upwards convex …… 64

エ

n 回微分可能 n times differentiable …… 62

カ

カージオイド cardioid …… 137
開区間 open interval …… 13
加速度 acceleration …… 72
下端 lower limit …… 86
カテナリー catenary …… 126

キ

奇関数 odd function …… 3
逆関数 inverse function …… 4
逆三角関数 inverse trigonometric function …… 36
逆正弦関数 arcsine function …… 36
逆正接関数 arctangent function …… 36
逆余弦関数 arccosine function …… 36
極限 limit …… 10
極限値 limit value …… 7, 9
極座標 polar coordinates …… 136
極小 minimum, local minimum …… 52
極小値 minimal value …… 52
曲線の長さ length of curve …… 124
極大 maximum, local maximum …… 52
極大値 maximal value …… 52
極値 extremal value …… 52

ク

偶関数 even function …… 3
区間 interval …… 13
区間で微分可能 differentiable on the interval …… 13
区間で連続 continuous on the interval …… 40
グラフ graph …… 137

ケ

原始関数 primitive function …… 82
懸垂線 catenary …… 126

コ

広義積分 improper integral …… 142, 144
高次導関数 derivative of higher order …… 62
合成関数 composite function …… 31
コーシーの平均値の定理 Cauchy's mean value theorem …… 76

サ

サイクロイド cycloid …… 69

シ

自然対数 natural logarithm …… 24
下に凸 downwards convex …… 64
収束する converge …… 7, 8
上端 upper limit …… 86
心臓形 cardioid …… 137

セ

正の無限大 positive infinity …… 8
積分可能 integrable …… 86
積分する integrate …… 83, 86
積分定数 integral constant …… 83

積分変数 variable of integration ……86
接線 tangent, tangential line ………12
接点 point of contact, contact point ……12

ソ

双曲線関数 hyperbolic function ……45
増減表 table of increase and decrease ……51
増分 increment ……11
速度 velocity ……72

タ

第 n 次導関数 n-th derivative ……62
対数微分法 logarithmic differentiation ……34
第 2 次導関数 second order derivative, derivative of second order ……62
単調に減少 monotonically decreasing ……2
単調に増加 monotonically increasing ……2

チ

置換積分法 integration by substitution ……101, 102
中間値の定理 intermediate value theorem ……42
直交座標 orthogonal coordinates ……136

テ

定積分 definite integral ……86
点 point ……13

ト

導関数 derivative ……13
動径 radius ……136

ニ

2 回微分可能 two times differentiable ……62

ネ

ネピアの数 Napier's number ……24

ハ

媒介変数 parameter ……68
媒介変数表示 parametric representation ……68
はさみうちの原理 squeeze theorem ……21
パラメータ parameter ……68
半減期 half-life ……146

ヒ

被積分関数 integrand ……83, 86
左側極限値 left-hand limit value ……40
微分可能 differentiable ……12
微分係数 derivative ……11
微分する differentiate ……13
微分積分法の基本定理 fundamental theorem of calculus ……92

フ

不定形 indeterminate form ……59
不定積分 indefinite integral ……82
負の無限大 negative infinity ……9
部分積分法 integration by parts ……104, 106

ヘ

平均速度 average velocity ……72
平均値の定理 mean value theorem ……74, 91
平均変化率 average rate of change ……11
閉区間 closed interval ……13
偏角 argument ……136

変化率 rate of change …………………… 11
変曲点 point of inflection, inflection point …………………………………… 65

ホ

法線 normal ………………………………… 49

ミ

右側極限値 right-hand limit value ‥ 40

ラ

ライプニッツの公式 Leibniz's formula …………………………………………… 63

レ

連続 continuous ………………………… 40

ロ

ロピタルの定理 L'Hospital's theorem ……………………………………… 58, 77
ロルの定理 Rolle's theorem ………… 73

微分法と微分の応用

● 導関数の性質

$(c)' = 0,\qquad (cf)' = cf'$ （c は定数） ➡ p.15

$(f \pm g)' = f' \pm g'$ （複号同順） （和・差の微分）

$(fg)' = f'g + fg'$ （積の微分） ➡ p.17

$(f_1 f_2 f_3)' = f_1{}' f_2 f_3 + f_1 f_2{}' f_3 + f_1 f_2 f_3{}'$ ➡ p.18

$\left(\dfrac{f}{g}\right)' = \dfrac{f'g - fg'}{g^2}$ （ただし，$g \neq 0$） （商の微分） ➡ p.17

$\dfrac{dy}{dx} = \dfrac{du}{dx}\dfrac{dy}{du} = \dfrac{dy}{du}\dfrac{du}{dx}$ （合成関数の微分） ➡ p.31

$\{f(g(x))\}' = g'(x)f'\big(g(x)\big) = f'\big(g(x)\big)g'(x)$

特に $\big\{f(ax+b)\big\}' = af'(ax+b)$ ➡ p.20

● 導関数の公式

べき関数 $(x^\alpha)' = \alpha x^{\alpha-1}$ （α は実数） ➡ p.34

三角関数 $(\sin x)' = \cos x,\quad (\cos x)' = -\sin x$ ➡ p.23

$(\tan x)' = \dfrac{1}{\cos^2 x}$

指数関数 $(e^x)' = e^x$ ➡ p.24

$(a^x)' = a^x \log a \quad (a > 0,\ a \neq 1)$ ➡ p.26

対数関数 $(\log x)' = \dfrac{1}{x},\quad (\log|x|)' = \dfrac{1}{x}$ ➡ p.25, 27

$(\log_a x)' = \dfrac{1}{x \log a} \quad (a > 0,\ a \neq 1)$ ➡ p.26

逆三角関数 $(\sin^{-1} x)' = \dfrac{1}{\sqrt{1-x^2}},\quad (\cos^{-1} x)' = -\dfrac{1}{\sqrt{1-x^2}}$ ➡ p.39

$(\tan^{-1} x)' = \dfrac{1}{1+x^2}$

● 三角関数の極限値

$\displaystyle\lim_{\theta \to 0} \frac{\sin\theta}{\theta} = 1$ ➡ p.21

● 指数関数の極限値

$\displaystyle\lim_{z \to 0} \frac{e^z - 1}{z} = 1,\quad \lim_{t \to 0}(1+t)^{\frac{1}{t}} = e,\quad \lim_{x \to \pm\infty}\left(1 + \frac{1}{x}\right)^x = e$ ➡ p.24, 27

● 接線と法線の方程式

接線の方程式 $y - f(a) = f'(a)(x - a)$ ➡ p.48

法線の方程式 $y - f(a) = -\dfrac{1}{f'(a)}(x - a)$ ➡ p.49

- **不定形の極限（ロピタルの定理）** ➡ p.77

$$\lim_{x\to a}\frac{f(x)}{g(x)}=\lim_{x\to a}\frac{f'(x)}{g'(x)}$$

- **ライプニッツの公式** ➡ p.63

$$(fg)^{(n)}=f^{(n)}g+{}_n\mathrm{C}_1f^{(n-1)}g'+{}_n\mathrm{C}_2f^{(n-2)}g''+\cdots+fg^{(n)}$$

- **媒介変数表示** ➡ p.68

サイクロイド

$$\begin{cases} x=a(t-\sin t) \\ y=a(1-\cos t) \end{cases}$$

楕円

$$\begin{cases} x=a\cos t \\ y=b\sin t \end{cases}$$

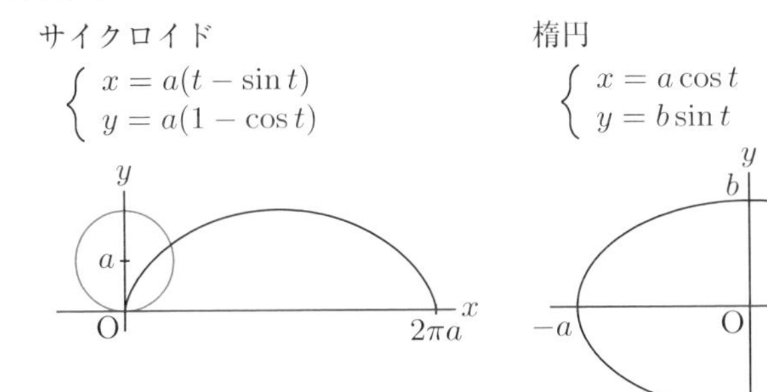

- **媒介変数表示による関数の導関数**

$$\frac{dy}{dx}=\frac{\frac{dy}{dt}}{\frac{dx}{dt}}=\frac{g'(t)}{f'(t)}$$ （ただし $f'(t)\neq 0$） ➡ p.70

積分法と積分の応用

- **不定積分の公式**（積分定数は省略）

$$\int k\,dx=kx$$ （k は定数） ➡ p.83

$$\int x^{\alpha}\,dx=\frac{1}{\alpha+1}x^{\alpha+1}$$ （$\alpha\neq\ 1$）

$$\int\frac{1}{x}\,dx=\int x^{-1}dx=\log|x|$$

$$\int e^x\,dx=e^x$$

$$\int\sin x\,dx=-\cos x,\quad \int\cos x\,dx=\sin x$$

$$\int\tan x\,dx=-\log|\cos x|,\quad \int\cot x\,dx=\log|\sin x|$$ ➡ p.102

$$\int\frac{dx}{\cos^2 x}=\int\sec^2 x\,dx=\tan x$$ ➡ p.96

$$\int \frac{dx}{\sin^2 x} = \int \mathrm{cosec}^2 x\, dx = -\cot x$$

$$\int \frac{dx}{\sqrt{a^2 - x^2}} = \sin^{-1}\frac{x}{a} \quad (a > 0)$$

➡ p.97

$$\int \frac{dx}{x^2 + a^2} = \frac{1}{a}\tan^{-1}\frac{x}{a} \quad (a \neq 0)$$

$$\int \frac{dx}{\sqrt{x^2 + A}} = \log\left|x + \sqrt{x^2 + A}\right| \quad (A \neq 0)$$

- **置換積分法**

$$\int f(\varphi(x))\varphi'(x)\, dx = \int f(t)\, dt$$

➡ p.101

$$(\,\varphi(x) = t,\ \varphi'(x)\, dx = dt\,)$$

特に $\displaystyle\int f(ax+b)\, dx = \frac{1}{a}F(ax+b)$

➡ p.85

- **部分積分法**

$$\int f(x)g(x)\, dx = f(x)G(x) - \int f'(x)G(x)\, dx$$

➡ p.104

- **分数関数の積分**

$$\int \frac{dx}{x^2 - a^2} = \frac{1}{2a}\log\left|\frac{x-a}{x+a}\right|$$

➡ p.111

- **無理関数の積分**

$$\int \sqrt{a^2 - x^2}\, dx = \frac{1}{2}\left(x\sqrt{a^2 - x^2} + a^2\sin^{-1}\frac{x}{a}\right) \quad (a > 0)$$

➡ p.111

$$\int \sqrt{x^2 + A}\, dx = \frac{1}{2}\left(x\sqrt{x^2 + A} + A\log\left|x + \sqrt{x^2 + A}\right|\right)$$

➡ p.112

- **三角関数の積分**

$I_n = \displaystyle\int_0^{\frac{\pi}{2}} \sin^n x\, dx = \int_0^{\frac{\pi}{2}} \cos^n x\, dx$ （n は 0 以上の整数）とするとき

$$I_n = \begin{cases} \dfrac{n-1}{n}\cdot\dfrac{n-3}{n-2}\cdot\cdots\cdot\dfrac{3}{4}\cdot\dfrac{1}{2}\cdot\dfrac{\pi}{2} & (n\text{ が偶数のとき}) \\[2ex] \dfrac{n-1}{n}\cdot\dfrac{n-3}{n-2}\cdot\cdots\cdot\dfrac{4}{5}\cdot\dfrac{2}{3} & (n\text{ が奇数のとき}) \end{cases}$$

➡ p.114

- **2 曲線で囲まれた図形の面積**

$$S = \int_a^b \left|f(x) - g(x)\right| dx$$

➡ p.122

- **曲線の長さ**

$$l = \int_a^b \sqrt{1 + \{f'(x)\}^2}\, dx = \int_a^b \sqrt{1 + (y')^2}\, dx$$

➡ p.125

- **立体の体積**

$$V = \int_a^b S(x)\,dx \qquad (S(x)\text{ は切り口の面積})$$

➡ p.127

- **回転体の体積**

$$V = \pi \int_a^b \{f(x)\}^2\,dx = \pi \int_a^b y^2\,dx$$

➡ p.129

- **媒介変数表示による図形の面積と回転体の体積**

$$S = \int_\alpha^\beta |g(t)f'(t)|\,dt = \int_\alpha^\beta \left|y\frac{dx}{dt}\right|\,dt$$

➡ p.133

$$V = \pi \int_\alpha^\beta \{g(t)\}^2\,|f'(t)|\,dt = \pi \int_\alpha^\beta y^2 \left|\frac{dx}{dt}\right| dt$$

➡ p.135

（ただし，区間 $(\alpha,\ \beta)$ で $f'(t)$ の符号は一定）

- **媒介変数表示による曲線の長さ**

$$l = \int_\alpha^\beta \sqrt{\{f'(t)\}^2 + \{g'(t)\}^2}\,dt = \int_\alpha^\beta \sqrt{\left(\frac{dx}{dt}\right)^2 + \left(\frac{dy}{dt}\right)^2}\,dt$$

➡ p.134

- **極座標**

$$\begin{cases} x = r\cos\theta \\ y = r\sin\theta \end{cases}$$

$$\begin{cases} r = \sqrt{x^2+y^2} \\ \cos\theta = \dfrac{x}{\sqrt{x^2+y^2}} \\ \sin\theta = \dfrac{y}{\sqrt{x^2+y^2}} \end{cases}$$

カージオイド

➡ p.136

$r = a(1+\cos\theta)$

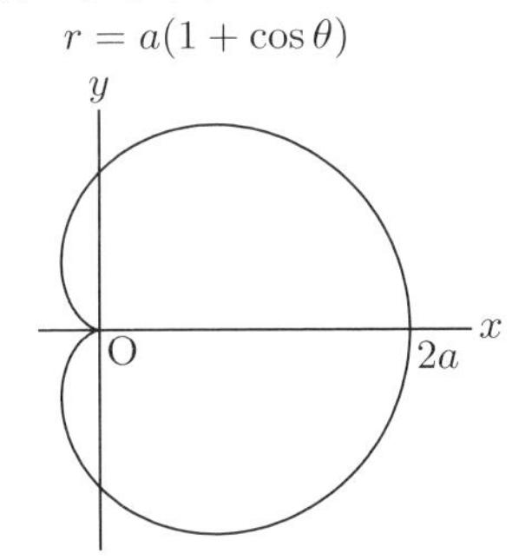

- **極座標による図形の面積と曲線の長さ**

$$S = \frac{1}{2}\int_\alpha^\beta \{f(\theta)\}^2\,d\theta = \frac{1}{2}\int_\alpha^\beta r^2\,d\theta$$

➡ p.139

$$l = \int_\alpha^\beta \sqrt{r^2+(r')^2}\,d\theta = \int_\alpha^\beta \sqrt{\{f(\theta)\}^2 + \{f'(\theta)\}^2}\,d\theta$$

➡ p.141

▶ 本書の WEB Contents を弊社サイトに掲載しております．ご活用下さい．
https://www.dainippon-tosho.co.jp/college_math/web_differential1.html

●監修

高遠 節夫　元東邦大学教授

●執筆

赤池 祐次　呉工業高等専門学校教授
阿部 孝之　木更津工業高等専門学校准教授
中川 英則　小山工業高等専門学校准教授
濵口 直樹　長野工業高等専門学校教授
松宮 篤　明石工業高等専門学校教授
山下 哲　木更津工業高等専門学校教授

●校閲

碓氷 久　群馬工業高等専門学校教授
岡中 正三　呉工業高等専門学校名誉教授
蔵岡 誉司　東京情報大学総合情報学部教授
佐藤 宏平　小山工業高等専門学校准教授
下田 泰史　仙台高等専門学校 広瀬キャンパス准教授
鈴木 正樹　沼津工業高等専門学校准教授
拝田 稔　鹿児島工業高等専門学校教授
松尾 幸二　一関工業高等専門学校名誉教授
南 貴之　香川高等専門学校 詫間キャンパス教授
横谷 正明　津山工業高等専門学校教授
吉村 弥子　神戸市立工業高等専門学校教授

表紙・カバー | 田中 晋，矢崎 博昭

本文設計 | 矢崎 博昭

新微分積分I 改訂版

2021.11.1 改訂版第1刷発行
2023.12.1 改訂版第3刷発行

●著作者 高遠 節夫 ほか
●発行者 大日本図書株式会社 (代表)中村 潤
●印刷者 株式会社 加藤文明社印刷所
●発行所 大日本図書株式会社 〒112-0012 東京都文京区大塚3-11-6
tel. 03-5940-8673(編集)，8676(供給)

中部支社 名古屋市千種区内山1-14-19 高島ビル tel. 052-733-6662
関西支社 大阪市北区東天満2-9-4 千代田ビル東館6階 tel. 06-6354-7315
九州支社 福岡市中央区赤坂1-15-33 ダイアビル福岡赤坂7階 tel. 092-688-9595

ISBN978-4-477-03343-3 Printed in Japan